# 역발상의 지혜

뇌과학으로 풀어낸 속담의 숨은 뜻

KB045705

# 역발상의 지혜

### 뇌과학으로 풀어낸 속담의 숨은 뜻

김재진 지음

21세기북스

# 속담과 뇌과학이 알려주는 인생의 지혜

속담은 사람들의 삶에 필요한 교훈을 문장 형식으로 전달하는 비유적 표현이다. 오랜 세월에 걸쳐 구전되면서 일상에 정착된 것이므로, 속담에는 예로부터 전해지는 조상들의 지혜가 담겨있다. 우리는 일상적 대화에서 속마음이나 의견을 표현하면서 속담들을 자연스럽게 인용한다. 그래서 자주 사용되는 속담 경우, 거기에 담긴 인생의 지혜에 대해 우리 모두 아주 익숙한 편이다.

이 책에서 필자는 우리가 흔하게 사용하고 있는 속담에 담긴 인생의 지혜에 대해 논한다. 그러나 실제 관심사는 속담의 원래 뜻과 관련된 익숙한 지혜가 아니다. 속담에 감춰져 있어서, 우리가 미처 알지 못했고, 생각해보지 않았던 지혜에 대하여 논한다. 이를 위해, 소개되는 속담 모두, 뒤집어 다시 생각해보는 과정을 거친다. 속담에 숨긴 의미와 새로운 시각을 소개하지만, 근거는 분명해야 한다. 그래서 필자는 그 근거로 뇌과학적 실험의 결과를 제시한다.

'열 길 물속은 알아도 한 길 사람 속은 모른다'는 속담이 있다. 물은 아무리 깊어도 들어가서 보면 무엇이 있는지 알 수 있지만, 사람의 속마음에는 들어갈 수 없으니 알 수 없다는 말이다. '길'은 길이의 단위로, 열 길의 깊이는 30미터 정도이다. 숙련된 잠수부가 내려갈 수 있는 보통의 깊이이니, 물속을 알기가 어렵지 않다. 정교한 잠수정도 개발되어 있어서, 잠수부가 직접 들어가지 않아도 더 깊은 물속까지 들여다볼 수도 있다. 게다가 음파탐지기라는 게 있어서, 굳이 들여다보지 않아도 물고기가 얼마나 있는지 정도는 모니터의 영상을 통해 쉽게 알 수 있다.

그런데 속담처럼 사람의 속마음을 정말 알 수 없을까? 과학의 발전은 우리 인간사회 모든 분야에서 혁신적 변화를 불러일으켰다. 예전에는 상상할 수 없었던 신세계를 우리는 지금 너무나 당연한 듯이 경험하며 살고 있다. 사람의 속마음 알기도 예외가 아니다. 기술 발전에 따라 속담이 말하는 것처럼 모르지만은 않는다. 비록 잠수부나 잠수정이 물속을 들여다보는 정도까지 발전한 것은 아니지만, 음파탐지기 정도의 영상 기술은 우리의 속마음 보기에 활용되고 있다. 기능MRI가 바로 그것이다

MRI는 우리 신체의 병변 진단을 위해 사용되는 값비싼 검사기구이지만, 촬영 방식에 따라 다양하게 활용할 수 있는 첨단의 의료장비이다. 특수한 형태의 MRI 촬영기술인 기능MRI는 국소적 혈류 변화에 따른 미세한 자성 변화를 감지해 영상으로 표현한다. 사람의 뇌는 수많은 신경세포로 구성되어 있다. 뇌의 특정 영역이 특정 임무를 수행할 때 신경세포의 활성을 위한 에너지 공급과 노폐물 제거를 위해 해당 영역의 혈류가 증가한다. 기능MRI가 감지하는 것이 바로 이 국소적 혈류 변화이다. 기능MRI를 이용하면 마음 변화에 따라 뇌의 영역들이 어떻게 다르게 활동하는지 영상을 통해 알 수 있다.

기능MRI 영상을 얻으려면 먼저 사람의 마음을 시뮬레이션하도록 고안된 특정한 실험 과제를 제작한다. 그러고는 실험 피험자가 그 과제를 실행하는 동안 기능MRI로 뇌 혈류 변화를 촬영한다. 예를 들어, 공포의 감정 상태에서 작동하는 뇌의 영역을 알고 싶으면 피험자에게 공포감 유발 사

진을 보여주면서 기능MRI를 촬영하면 된다. 화가 날 때의 결과를 알고 싶으면 분노를 불러일으키는 이야기를 들려주면서 기능MRI를 촬영한다. 인지, 정서, 의지 등, 마음의 어느 측면이든 MRI 촬영실에서 실험을 통해 재현만 할 수 있으면, 그 마음 측면에 관여하는 뇌 영역을 알 수 있다. 이런 실험이 가능한 이유는 사람들의 행동을 결정짓는 모든 마음의 요소들이 모두 뇌 활동의 산물이기 때문이다.

인간의 마음이 복잡하듯 뇌 역시 복잡한 구조로 되어있다. 뇌는 하나의 단위로 활동하지 않는다. 지구상에 수많은 나라가 있듯이 뇌에도 수많은 영역이 있어서 마음 상태에 따라 서로 다르게 작용한다. 이런 뇌 영역들의 이름은 대부분 어려운 한자어로 되어있다. 그래서 뇌과학 이야기를 하려면 이런 한자어 이름을 사용할 수밖에 없는데, 그렇게 하면 용어에 익숙하지 않은 사람들은 쉬운 내용조차 어렵게 느낀다. 그래서 필자는 이런 한자어 사용을 최소화하여, 독자들이 읽기 쉽게 하려고 노력했다. 그런 일환의 뇌의 영역별 기능을 지나치게 단순화(예: 자기정보 처리의 중추)한 면도 있다. 그런데도 독자들은 그 중추가 뇌의 어디에 위치하는지 궁금할 수 있다. 그래서 9쪽 그림처럼 뇌 영역 지도를 제공하였다. 독자들은 책을 읽다가 실험 결과 부분에서 뇌 영역이 등장할 때, 그 위치가 궁금하면 언제든 이 뇌 영역 지도를 참고할 수 있을 것이다. 또, 이 책에 서술된 모든 뇌과학 실험은 인용 번호와 참고문헌 리스트를 제시하였으므로, 과도한 단순화에 거부감이 있는 독자라면 실제 논문을 찾아 읽어보실 수 있을 것이다.

이 책에서는 28개의 주제에 대하여 속담의 숨은 의미와 현대적 지식, 뇌과학 실험의 결과와 의미, 그리고 관련 문제에 따른 임상적 질환 환자의 사례 등을 연결한다. 이러한 연결을 통해 얻은 지식의 새로운 지평이 독자들의 삶을 더 풍요롭게 하고 긍정적 변화의 계기가 되었으면 하는 바람이다. 이를 위해 모든 주제에 대하여 핵심 내용의 요약을 포함한 사색의 포인트를 제시하였으니, 다음 주제로 넘어가기 전에 자신의 경우와 비교해보는 시간을 가지면 좋으리라 생각한다.

2021 세모에

김   재   진

# 뇌 영역 지도

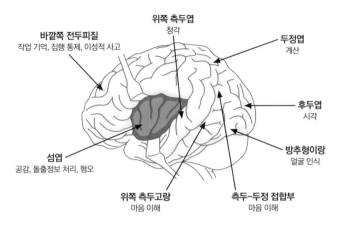

**바깥쪽 전두피질**
작업 기억, 집행 통제, 이성적 사고

**위쪽 측두엽**
청각

**두정엽**
계산

**후두엽**
시각

**방추형이랑**
얼굴 인식

**섬엽**
공감, 돌출정보 처리, 혐오

**위쪽 측두고랑**
마음 이해

**측두–두정 접합부**
마음 이해

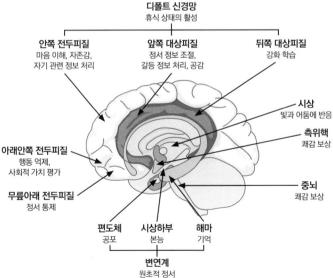

**디폴트 신경망**
휴식 상태의 활성

**안쪽 전두피질**
마음 이해, 자존감,
자기 관련 정보 처리

**앞쪽 대상피질**
정서 정보 조절,
갈등 정보 처리, 공감

**뒤쪽 대상피질**
강화 학습

**시상**
빛과 어둠에 반응

**측위핵**
쾌감 보상

**아래안쪽 전두피질**
행동 억제,
사회적 가치 평가

**중뇌**
쾌감 보상

**무릎아래 전두피질**
정서 통제

**편도체**
공포

**시상하부**
본능

**해마**
기억

**변연계**
원초적 정서

## Part 1  만족은 어디에?

**Part 2** **익숙함을 벗어나서**

Part 3    평안으로 가는 길

**Part 4** **조화를 위하여**

Part 1

# 만족은 어디에?

# 01 정서적 착각의 근원
## —내 떡이 더 크게 보일 수는 없을까?

'남의 떡이 더 커 보인다'는 속담이 있다.

이는 타인의 물건이나 상황을 자기 것보다 더 좋게 보는, 일종의 주관적 편향을 이르는 말이다. 인간의 욕망은 끝이 없어서 남의 것이 더 맛있어 보이고, 멋있어 보이고, 많아 보인다. 그것들이 내 것이 되어도 또 다른 남의 것이 더 나아보이는 것은 달라지지 않는다.

이는 일종의 정서적 착각이다. 이 정서적 착각의 근원은 바로 현재와 과거의 욕망이다. 소유욕은 남의 차가 더 멋져 보이게 만들고, 명예욕은 남이 받은 보상이 더 가치 있어 보이게 만들며, 권력의지는 남의 자리가 더 탐나 보이게 만든다.

우리가 실제로 사물을 보고 크기를 인식할 때, 우리의 눈이 항상 객관적인 것만은 아니다. 아래 그림을 보자. 큰 네모 안쪽의 작은 네모는 모두 객관적으로 같은 크기다. 그런데도 검은 배경의 흰 네모가 흰 배경의 검은 네모보다 크게 보인다. 착시 현상이 같은 크기를 다르게 보이도록 만드는 것이다.

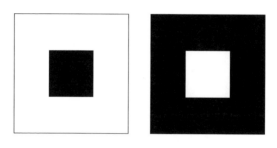

2014년 뉴욕주립대 연구진은 미국 국립과학아카데미 학술지에 발표한 논문[1]을 통해 이러한 착시 효과가 뇌에 기본적으로 장착된 기능이라 설명한다. 연구자들은 뇌 중심부의 '시상(thalamus)'이라는 영역의 기능에 주목했다. 시상에는 빛과 어둠에 반응하는 신경세포가 따로 있는데, 빛에 반응하는 신경세포가 어둠에 반응하는 신경세포보다 사물의 상을 더 왜곡시켜 보이게 만든다는 것이다.

이런 착시 반응은 공포 반응처럼 생존에 유리하도록 설정된 뇌의 특수기능이다. 즉, 낮에는 어둠의 자취를 정확하게 보이게 하고, 밤에는 미세한 빛도 더 크게 잘 보이게 하는 장치다.

### 첫눈에 반하게 하는 물질

이러한 시각적 착각처럼 정서적 착각도 우리의 뇌에 정보처리의 한 형태로 조직화되어 있다. 예를 들어, 사랑의 감정은 뇌의 '변연계'라는 정서 중추의 활성과 밀접한 관련이 있다. 이 정서 중추의 활성은 페로몬, 도파민, 세로토닌, 옥시토신, 바소프레신, 페닐에틸아민 등의 여러 화학물질 분비를 통해 사랑의 감정이 생기도록 매개한다.

특히 페닐에틸아민은 첫눈에 반하게 하는 마약 같은 물질로서, 연인들을 '콩깍지'가 씌게 만든다. 심지어 나쁜 남자의 캐릭터조차 황홀하게 보이게 한다. 그런 착각이 나중에 천추의 한을 낳게 될지언정, 그때 그렇게 보이는 것은 어찌할 도리가 없다.

정서적 착각을 유도하는 페닐에틸아민 분비는 아쉽게도 오랜 기간 유지되지 않는다. 분비가 끝나면 콩깍지도 벗겨지고, 연인들은 사랑의 권태기에 접어들게 된다. 사실 정서적 착각이 사라진, 왜곡 없는 사랑이 진실한 사랑이다. 권태기는 그래서 진실한 사랑이 시험되는 시기다.


## 긍정왜곡 현상과 정서적 착각

정서적 착각은 자기 자신에 대한 시각에도 존재한다. '근자감'이 그것이다. "계속 건강할 거야." "좋은 사람 만날 거야." "어떻게 잘 되겠지." 근거는 없지만, 막연하게나마 긍정적으로 자신의 미래를 바라본다.

근거 없는 자신감이라 하여 근자감이지만, 사실 그 근거는 뇌에서 발견된다. 즉, 정서정보조절 중추(앞쪽 대상피질)가 기능하면 '긍정왜곡 현상'이 일어난다. 그래서 근자감과 관련된 자극을 주면 이 영역이 활성화된다. 이런 기전은 사람이 정신적으로 건강할 때 발현된다. 우울증에 빠지면 이 영역의 활성이 감퇴하면서 낙관적 해석 장치에 문제가 생겨 근거 없는 부정적 세계관에 얽매이게 된다.

긍정왜곡의 원리가 뇌에 장착되어 있다면, 남의 떡만 크게 보는 게 아니라 반대로 내 떡을 크게 보는 정서적 착각도 있지 않을까? 맞다. 그런 착각이 있다. 근자감은 미래를 보는 시각에서뿐 아니라 스스로를 비교할 때도 작동한다. 직업적 자부심이 그것이다. 이는 자신의 직업군에 대한 자기 성찰이나 평가와 태도를 포함하는 긍정적 감정이다.

유니폼을 예로 들어보자. 유니폼을 입은 사람이 자기 직업에 대한 긍지와 책임감을 느끼고 있을 때, 유니폼은 그런 직업적 자부심이라는 긍정적 정서를 고양하는 역할을 한다. 그래서 유니폼을 입은 사람은 평상복을 입을 때와 다르게 생각하고 행동하도록 자기 자신을 스스로 통제한다. 유니폼은 직업적 역할을 수행하는 도구를 넘어서 기능하게 되는 것이다.

필자의 연구팀은 자신과 타인이 각각 유니폼을 입을 때와 평상복을 입을 때, 뇌의 반응이 어떻게 다른지를 2019년 국제학술지*에 발표한 바 있다.[2] 실험 결과, 자신이 유니폼을 입었을 때 쾌감보상의 중추(측위핵), 공감의 중추(섬엽), 마음이해의 중추(측두-두정 접합부), 행동억제의 중추(아래안쪽 전두피질) 등의 활성이 다면적으로 극대화되었고, 그 활성 수준은 자존감 수준과 높은 상관성을 보였다. 이 결과는 직업적 자부심이 자기만족, 타인에 대한 공감과 마음읽기, 행동조절 등의 복합적 정서이며, 이 정서가 관련 뇌 신경망을 통해 표출된다는 사실을 말해준다.

결국, 유니폼의 착용은 긍정적 자기평가와 집단 응집력을 강화시키는 방향으로 정서적 착각을 유도하여 자기 자신까지 달리 보이게 작용하는 것이다.

유니폼을 입는 식의 '보이는 행동'만이 우리 뇌에서 정서적 착각을 유도하게 할까? 그렇지 않다. 마음가짐의 변화만으로 이러한 긍정적 변화를 일으키게 할 방법은 없을까? 없지 않다. 감사하기 훈련이 그런 변화를 가능하게 할 수 있다. '감사하기 훈련'을 살펴보자.

감사의 마음을 갖는 것은 긍정사고를 촉진하고 스트레스 수준을 낮춰 삶의 만족도와 정신건강을 증진시킨다. 반대로 원망의 마음이 과도하면 부정사고가 이어지고, 스트레스가 가중되어 삶의 만족도가 떨어진다. 이런 원리 역시 우리의 뇌에 장착되어 있다.

2017년 필자의 연구팀은 자체 제작한 감사하기와 원망하기 과제를 수행하는 뇌의 반응을 측정하여, 그 결과를 국제학술지**에 발표한 바 있다.[3]

이 연구에서 우리는 피험자들에게 5분 동안 감사의 기억을 떠올리게 했더니 심박수가 감소하면서, 뇌에서 휴식상태 뇌 네트워크의 기능연결성이 강화된다는 것을 발견했다. 반대로 5분 동안 원망의 기억을 떠올리게 했더니, 심박수가 불안정하게 증가하면서 뇌는 인지활동이 많을 때 작동하는 뇌 네트워크들의 기능연결성이 강화되었다. 다시 말해, 감사는 부교감신경계를 자극하여 뇌의 안정과 몸의 이완을, 원망은 교감신경계를 자극하여 뇌의 피곤과 몸의 긴장을 일으켰다.

우리 연구의 또 다른 특징은 감사와 원망의 과제를 끝낸 이후 각각의 5분, 즉 그런 과제수행이 그 이후의 뇌를 어떻게 변화시키는가도 측정했다. 그 결과, 감사 과제를 끝낸 후에는 쾌감보상회로 연결성이 증가하고, 부정감정을 처리하는 신경회로의 연결성은 감소하였는데, 원망 과제를 끝낸 후에는 이런 현상이 나타나지 않았다. 이 결과는 감사 체험이 뇌를 긍정적인 방향으로 변화시킨다는 것을 실증한다. 반복적인 감사의 습관이 감정 조절과 내적 동기를 증진시키는 방향으로 뇌의 기능적 연결성을 변화시키기 때문에, 이런 훈련의 지속이 바로 건강한 마음 가꾸기가 될 수 있다. 일상생활에서 원망이 우리를 지배할 때, 잠시 다른 시각으로 세상 보기 훈련을 해보자.

밖에 나가 친구를 만나 즐기고 싶으나 그런 상황이 안 되어 원망스러울 때, 혼자 조용한 사색의 시간을 늘리거나 부족했던 가족들과의 소통을 늘리는 것으로 감사의 마음을 유지할 수 있다. 갑자기 마을버스가 운행을 중단하여 먼 길을 걸어야 하는 것이 원망스러울 때, 돈을 들이지 않고 쉽게 운동할 수 있게 된 상황을 감사할 수 있다.

똑같은 상황을 두고도 긍정적으로 감사하게 받아들일 것인가, 짜증과 우울함으로 받아들일 것인가는 결국 자기 자신이 하기 나름이다.

남의 떡보다 내 떡이 더 크게 보일 수 있는 지혜는 마음가짐의 변화로 가능하다. 이는 뇌에 장착된 자연의 이치를 따르는 것으로, 감사의 반복이 정서적 착시에 작용하여 내 삶을 긍정적으로 변화시키는 것이니, 얼마나 고마운 일인가!

주석

* Frontiers in Human Neuroscience
** Scientific Reports

## 02 기본심리욕구
— 백지장은 혼자도 들 수 있다

'백지장도 맞들면 낫다'는 속담이 있다.

가벼운 종이 한 장도 함께 들면 옮기기가 더 쉬우니, 쉬운 일이라도 서로 협력하라는 뜻이다. 비슷한 의미의 다른 속담으로 '손바닥도 마주쳐야 소리가 난다'가 있다. 상대편 없이는 혼자서 하기 어렵다는 말로, 역시 협력의 중요성을 강조한다. 이런 속담들이 있다는 것은 예로부터 우리 인간사회에 사회성이 부족해 협력을 모르는 독불장군이 문제시되어왔음을 반증한다.

## 사회성은 협력의 능력

사회성이란 사회에 적응하는 개인의 소질이다. 많은 요소로 구성되는 복합적 개념이지만 그 핵심은 원만한 대인관계이며, 이는 곧 '협력의 능력'이기도 하다. 사회성은 어린 시절의 발달 과정을 통해 성장하는데, 많은 연구를 통해 협력의 능력이 부족한 아이들이 낮은 학업 성취, 우울과 불안, 공격성 등의 행동적 문제를 흔하게 보이는 것으로 나타났다.

인간이 사회적 동물이라는 말은 하등동물에는 없는 협력의 능력이 인간에게 진화적으로 발달해 부여되었음을 의미한다. 그래서 인간의 뇌에는 사회성을 담당하는 신경회로가 잘 갖추어져 있다. 타인의 감정을 공유할 때 작동하는 공감의 신경회로(앞쪽 대상피질, 섬엽)와 타인의 마음을 읽을 때 작동하는 마음 이해의 신경회로(안쪽 전두피질, 측두-두정 접합부, 위쪽 측두고랑 등)가 대표적이다. 뇌과학의 관점에서 사회성이 부족한 독불장군은 성장 과정에서 이러한 신경회로가 충분히 발달되지 않은 경우라 할 수 있다.

인간에게는 일상생활에서 편안하고 만족한 삶을 촉진하고 유지하기 위해 충족되어야 하는 세 가지의 기본 심리욕구가 있다. 첫째는 자율성으로, 자기 삶의 주체적인 행위자가 되고자 하는 열망이다. 둘째는 유능성으로, 능숙하게 뭔가를 해내어 최상의 성과를 내고자 하는 열망이다. 셋째는 관계성으로, 다른 사람들과 교류하며 상호작용하여 서로가 서로에 대한 영향력을 유지하고자 하는 열망이다.

자율성, 유능성, 관계성 셋 중의 어느 하나라도 일상생활에서 제대로 충족되지 않으면 삶의 만족도가 떨어진다. 우리의 직장생활을 살펴보자. 모든 일에서 상사의 지시만 따라야 하고, 자신의 자율적 판단에 의한 성취를 맛보지 못한다면, 직장의 일은 의무이행일 뿐이지 즐거움이 될 수 없다. 일하기는 하는데 늘 지표 미달의 성과와 실적 미달의 결과로 유능함을 인정받지 못하면 그 직장에서 계속 일하기가 어려워진다. 또, 직장 구성원들과 원만한 관계를 유지하여 서로에게 힘이 되면 출근이 즐거워지나, 불편한 관계의 상사나 동료와 함께해야 하는 상황이 되면 일과 관계없이 출근 자체가 고역이 된다. 이러한 기본 심리욕구의 충족과 삶

의 만족도 사이의 관계는 뇌과학적 연구를 통해서도 확인
된다.

최근 필자의 연구팀은 '삶의 만족도와 심리욕구'에 대한
연구결과를 국제학술지*에 발표한 바 있다.[4] 이는 젊은 성
인들을 삶의 만족도가 높은 집단과 낮은 집단으로 나누어
뇌 휴지기 신경회로 연결성을 측정한 연구였다.

연구 결과, 삶의 만족도가 높은 집단에서는 자율성과 관
계성 점수가 증가할수록 쾌감보상회로와 정서통제 중추 사
이의 연결성이 강해졌고, 유능성과 관계성 점수가 감소할
수록 쾌감보상회로와 공감의 중추 사이의 연결성이 강해졌
다. 그러나 삶의 만족도가 낮은 집단에서는 이들의 상관성
이 정반대의 양상이었다.

이러한 결과는 기본 심리욕구를 충족하는 수준이 삶의
만족도가 높은 사람과 낮은 사람 사이에 상반된 메커니즘
으로 뇌에 작용하여 정서변화를 가져온다는 사실을 말해
준다.

이제 협력을 강조하는 속담을 살펴보자. 손바닥을 마주쳐야 소리가 난다는 것은 분명하다. 이는 관계성을 충족해야 삶의 만족도가 향상될 것임을 말해준다. 그런데 백지장도 맞들면 낫다는데, 백지장 정도를 굳이 맞들어야 할까? 그 정도는 혼자 들 수 있지 않을까? 협력이 중요함은 분명하나, 혼자 충분히 할 수 있는 일조차 그리하지 못하면 자율성의 부족으로 삶의 만족도가 낮아지는 결과를 가져올 수 있다. 또 혼자 처리할 수 있는 일조차 타인에게 의존하는 삶도 마찬가지의 결과다.

백지장도 혼자 들지 못할 정도의 자율성 부족과 의존성향은 과잉통제의 결과일 수 있다. 과잉통제는 융통성 없는 개입, 과도한 성적(成績) 감시, 실수를 용납하지 않는 완벽주의 등을 특징으로 한다. '헬리콥터 부모'라는 신조어가 있다. 자녀의 삶에서 헬리콥터처럼 떠다니면서 모든 일에 간섭하려 하는 부모를 이른다. 부모가 이런 태도를 유지하는 것은 자식을 사랑하는 마음이 너무 강해서일 수도 있겠으나, 자식을 통한 자기의 대리만족 욕구가 너무 강해서일 수도 있다. 헬리콥터에서 내려다보며 자식을 보호하는 부모의 역할은 학령기 이전까지만 이어야 한다. 학령기에 들어서면 자식들은 그 헬리콥터의 착륙을 요구하기 시작한다. 청소년이 되도록 착륙하지 않을 때는 그런 요구가 더욱 적극적이고 반항적으로 된다. 사춘기의 심리적 방황은 부모의 보호에서 벗어나 자신의 자율성 욕구를 표출하는 과정에서 찾아오는 일시적 혼란이다. 아무런 방황 없이 온순하게 사춘기를 보냈다면, 자율성이 성장하지 못하고 의존성만 유지되는 것이 아닌지 의심해볼 일이다.

과잉통제와 의존성의 관계와 관련하여 필자가 진료실에서 흔히 마주치는 상황 한 가지를 소개하겠다. 불안 증상이 심해져 초진진료를 위해 내원한 20대 초반의 젊은 환자들은 혼자 오는 때도 있으나, 부모를 대동하고 오는 경우가 더 흔하다. 별 말 없이 진료 상황을 지켜만 보는 부모도 있지만, 환자의 증상을 대신 설명하고자 하는 부모도 있다. 내원한 이유를 질문하면 환자가 불편을 호소하기 전에 부모가 환자의 증상을 술술 말한다. 환자가 직접 말하도록 주의를 주면, 그 부모는 "네가 잘 설명해 드려"라고 자식에게 요구하면서도, 잠시의 망설임 뒤에 바로 다시 개입하여 긴 설명으로 환자의 대변인을 자처한다. 이런 패턴은 십중팔구 일상생활의 방식이 진료실로 옮겨진 경우다. 그런 부모는 자식에게 너무 의존적이라고 지적하며 자율적 삶을 살라고 충고하나, 자신의 지나친 간섭이 자식의 의존성을 조장하고 있음은 간과하는 경향이다.

실제로 부모의 과잉통제가 불안장애를 일으키는 것과 관계가 있음은 여러 연구를 통해 확인된 바 있다. 워싱턴대학교 연구진이 2020년에 국제학술지**에 발표한 연구에 따르면,[5] 아동기에 과잉통제를 받은 아이들은 성장해서 불안장애가 발병할 확률이 높았으며, 이들의 뇌에서 갈등정보 처리 중추(앞쪽 대상피질)의 활성 수준이 과잉통제 수준과 밀접한 관련이 있었다고 한다. 이 결과로 볼 때, 과잉통제에 따른 뇌의 과도한 갈등정보 처리가 장기화할 때 불안장애로 발전할 가능성이 커짐을 알 수 있다. 반대로 말하면, 자율성을 극대화하는 양육이 자녀의 불안장애 예방에 도움이 될 수 있다.

불안장애의 원인은 상당히 다양한 것으로 알려져 있다. 그러므로 불안장애의 발병을 온전히 부모의 과잉통제로 몰아가서는 안 된다. 기질적으로 불안 성향이 있어 위축된 행동으로 일관하는 아이를 양육하려니 결과적으로 과도하게 개입하고 간섭할 수밖에 없었던 부모들도 많다. 그런 경우에라도 상대적으로 양육의 어려움은 더하겠으나, 최대한 자녀의 자율성을 키워주는 양육이 불안 성향이 불안장애로 발전하는 것을 막아줄 수 있을 것이다.

협력도 잘하지만 백지장 정도는 혼자 들 수 있도록 자율성을 강화하여 사회성을 높이는 것이 삶의 만족도를 높이는 지혜이리라.

주석

* Neuroscience Letters
** Journal of Anxiety Disorders

## 03  비언어 우위 주의편향
—꼭 말을 해야 알아듣나

'떡 줄 놈은 생각도 않는데 김칫국부터 마신다'는 말은 상대방은 생각도 않는데 기대감에 헛된 행동을 한다는 의미로, 설레발치는 사람을 비꼴 때 사용하는 속담이다. 옛날에 떡은 특별한 날에 특별함을 기념하여 사람들에게 돌려먹는 특별한 음식이었다. 그런 관습 때문인지 요즘도 밥상에 떡이 올라오면 무슨 특별한 날인지 확인하게 된다. 그만큼 떡은 주는 자와 받는 자를 구분하게 한다. 받은 떡을 먹으려면 입안이 뻑뻑해진다. 동치미 국물 같은 김칫국을 마셔주면 제격이다. 입안이 부드러워지고, 떡의 맛도 살아난다. 둘은 잘 어울리는 조합이다. 단, 떡이 먼저다. 그래서 김칫국이 먼저면 설레발이 된다.

## 눈치는 비언어적 의사표현

정말 김칫국을 먼저 마시면 안 되는 걸까? 설레발치는 철 없는 사람만 그런 행동을 할까? 떡이 먹고 싶은데 특별한 날의 주인공이 자신을 제외했다고 하자. 평소 원수지간이 면 당연히 받을 기대도 하지 않겠지만, 그럴만한 이유가 없으면 의문을 품을 수 있다. 이때, 대놓고 떡을 달라는 말은 너무 직선적이어서 결례가 될 수 있고, 반대로 아무 말도 못 하는 것은 너무 소극적인 모습일 수 있다. 그래서 대신에 먼 저 김칫국을 마시면 먹고 싶다는 의사를 간접적으로 표현 한 것이 된다. 이런 비언어적 행위는 떡 주는 사람의 주의를 환기시켜 자신에게 주목하도록 하는 헛되지 않은 행동이 될 수 있기에 오히려 융통성 있는 행동일 수 있는 것이다.

비언어적 의사표현은 사회나 집단에서 통용되는 규칙을 따르기 때문에 신뢰도가 높은 의사소통 수단이다. 언어표 현에서는 거짓말로 속이거나 다른 말로 속마음 감추기가 가능하나, 비언어적 표현에서는 상대적으로 속마음이 그대 로 드러난다. 표정, 몸짓, 자세 등과 같은 신체언어는 비언 어적 의사표현의 대표적인 예다. 우리는 굳이 말을 하지 않 아도 표정만으로 웬만한 감정은 다 전달할 수 있다. 때로는 장식, 옷차림, 헤어스타일 같은 신체적 외양으로도 의사를 표현할 수 있다. 무슨 옷을 어떻게 입느냐에 따라 유혹이 되기도 하고, 항의가 되기도 한다. 공간적 혹은 목표지향적 행위도 의사표현일 수 있다. 상대방과의 물리적 거리가 친근함 혹은 경계심을 나타내는 수단이 될 수 있다. 김칫국을 마시는 행동도 떡을 먹고 싶은 마음의 표현이라는 점에서 여기에 해당한다.

김칫국을 마셨는데도 떡 줄 생각을 안 할 때, 할 수 있는 말이 있다. 우리가 일상생활에서 흔히 사용한다. "꼭 말을 해야 알아듣냐?" 눈치가 없어 상황파악을 잘 못하는 사람에게 하는 말이다. 이런 눈치 없는 사람은 비언어적 의사표현에 둔감한 사람이다. 사람의 뇌에는 마음 이해의 중추(측두-두정엽 접합부, 위쪽 측두고랑)가 존재하니, 이 중추의 기능이 부족하면 비언어적 표현의 속뜻을 파악하지 못하는 눈치 없는 사람이 되고 만다.

### 타인의 감정을 파악하는 비언어 우위 주의편향

타인의 감정을 파악하고자 할 때 언어적 단서와 비언어

적 단서가 서로 달라 혼란이 될 때가 있다. 예를 들어, "나 오늘 기분 좋아"라고 말은 하는데, 가라앉은 목소리에 어두운 표정일 때이다. 이럴 때 사람들이 어떻게 반응하는가에 대한 답은 독일 튜빙겐대학교 연구진이 2014년 국제학술지*에 발표한 연구결과에 잘 나와 있다.[6] 연구진은 피험자에게 언어적 감정표현(기분 좋다 혹은 기분 나쁘다)과 말의 톤과 표정을 달리하는 비언어적 감정표현(행복 혹은 분노)이 혼재된 동영상을 보여주고, 어떤 감정인지 평가하게 하면서 뇌 MRI를 촬영했다. 그 결과 피험자들은 말의 내용보다는 톤과 표정에 더 우선하여 반응하는 경향을 보였고, 이런 반응은 전두엽의 작업기억의 중추(바깥쪽 전두피질)가 활성화되는 것과 관련되었다.

이렇게 타인의 감정을 파악할 때, 말의 내용보다 비언어적 표현을 우선시하는 현상을 일컬어 '비언어 우위 주의편향'이라 한다. 앞선 예의 "꼭 말을 해야 알아듣냐?"라는 말도 어떤 억양으로 발음하느냐에 따라 전혀 다른 감정이 실릴 수 있다. 상대방에 대해 짜증냄, 비아냥댐, 타이름 등의 의미가 담긴 표현으로 기능할 수 있다. 듣는 사람에게서 비언어 우위 주의편향의 원리가 작동하면, 언어적 의미보다는 말에 실린 감정에 먼저 반응할 수 있다. 그래서 짜증나서 말한 사람보다 더 크게 짜증을 내는 적반하장 식 반응도 나타날 수 있다.

### 성격에 따른 행동 반응의 차이

떡을 먹고 싶은데 받지 못했을 때 어떤 방식으로 대응하는가는 성격에 따라 다르다. 외향적이라면 대개 말로 요구한다. 외부 활동에서 에너지를 얻는 외향적인 사람은 외부 정보에 의한 제약 없이 자기 생각을 거침없이 표현하는 편이다. 내향적이라면 대개 말없이 기다린다. 혼자만의 휴식과 사색에서 에너지를 얻는 내향적인 사람은 자기 생각을 겉으로 잘 드러내지 않고 혼자서만 생각하는 경향이다. 떡을 달라고 말함이나 말없이 기다림, 어느 쪽이 옳은 행동이라 할 수 없다. 사람에 따른 행동 반응의 차이일 뿐이다. 마찬가지로 성격은 각각 서로 다른 장단점을 포함하는 특성 분류일 뿐이지 좋고 나쁨이 아니다. 그러니 외향을 내향으로, 내향을 외향으로 바꿀 이유가 없다. 외향이든 내향이든 그 특성 중에서 단점이 너무 극단적일 경우, 각자의 성향 내에서 그 단점만 수정하면 된다.

김칫국을 마시는 간접적 비언어적 표현은 두 성격 모두에서 가능하다. 흔히 사람들은 외향적이면 사회성이 좋고, 내향적이면 그렇지 않은 것으로 오해한다. 사회성이란 타인과 원만하게 상호작용하는 능력을 말한다. 외향/내향의 분류와 완전히 다른 차원이다. 외향적인데 사회성이 안 좋은 사람, 내향적인데 사회성이 좋은 사람들이 우리 사회에 넘쳐난다. 외향과 내향 어느 쪽이든 사회성 좋게 타인과 원만한 상호작용을 하려면 비언어적 의사소통 능력이 중요하다. 상황에 따라 필요하면 김칫국부터 마시는 게 사회성 좋은 행동일 수 있다.

### 소심한 사람의 정체

김칫국을 마시는 비언어적 의사표현을 극도로 억제하는 사람들이 있다. 소위 '소심한 사람'들이다. 진료실에 내원한 환자에게 성격이 어떠냐고 물어보면 "소심한 편이에요"라는 대답이 돌아올 때가 많다. 소심하다의 사전적 정의는 '대담하지 못하고 조심성이 많다'다. 내향적 성격의 소유자 중에 아주 일부에 해당하는 사람들이다. 소심하면 웬만해서는 떡 달라는 말을 하지 못한다. 말하는 것 자체가 어렵기도 하지만, 말했다가 거절당했을 때 돌아올 창피함이 무서워서라도 말을 하지 못한다. 김칫국도 못 마신다. 왜냐하면, 떡을 먹고 싶은 속마음이 들킬까 두려워서다. 언어적 표현보다 비언어적 표현을 더 두려워한다. 혹시나 비언어적 표현으로 속마음이 노출되었다 싶으면, 자책에 빠진다. "말로 하지, 뭐 그리 소심해"라는 말이 두렵다. 소심한 사람에게 가장 상처가 되는 말은 남이 무심코 하는 '소심하다'는 말이다.

　사실 소심하다는 말은 다시 생각해볼 여지가 많다. 글자 그대로 하면 마음이 작다는 의미인데, 정말 작을까? 소심한 사람은 생각이 많다. 계획, 회상, 반성, 반추, 평가, 배려 등으로 생각이 쉴 틈이 없고, 남들이 안중에 두지 않는 부분까지 세심하게 신경 쓴다. 그래서 마음의 크기를 생각의 양으로만 따지면 소심한 사람의 마음이 대범한 사람보다 훨씬 크다. 지금은 사용하지 않는 '소자' 혹은 '소인'으로 시작하는 과거식 자기 겸양 표현처럼, 소심하다는 표현은 자신의 성격을 지나치게 낮추어보는 것일 수 있다. 소심하다의 서양식 표현은 '겁이 많다'다. 마음이 작다는 낮추기 표현은 우리만의 과거식 겸양의 결과인 것이다.

　소심함의 의미인 '대담하지 못하고, 조심성이 많음'은 다른 말로 하면 '경솔하지 않고, 신중함'이다. 소위 소심한 사람은 매사에 진지하며, 책임감이 강하다. 타인에 대한 배려심이 많고, 싫은 소리를 못하며, 폐 끼치는 것을 극도로 꺼린다. 매우 도덕적, 양심적이어서 선한 행동을 많이 한다. 그들 성격의 수많은 긍정적 측면을 고려하면, 그들은 우리 사회에서 진정으로 존경받을 성격의 소유자다. 자기든 남이든 그 성격을 비하할 이유가 없다.

김칫국이라도 마셔서 떡 줄 생각을 이끌어낼 수 있도록 자신의 의사를 비언어적 행위로 나타낼 수 있다면, 그것은 소심함이 아니라 현명함이다. 그리하여 성격은 고칠 대상이 아니라 단점 보완의 대상일 뿐이다.

주석

* Neuroscience Letters

## 04    경쟁사회에서의 행복
—우물을 벗어난 개구리

'우물 안 개구리'라는 말은 좁은 우물 안에 살고 있으니 넓은 세상의 이치를 알지 못하는 개구리처럼, 자신만의 세계에 빠져 세상 물정을 모르거나 고정관념에서 벗어나지 못하는 사람을 이르는 속담이다. 어떤 사람이든 세상 모든 것을 다 경험하고 배울 수는 없다. 그러니 누구든 자신의 관점으로만 세상을 바라보면 편견에 빠진 사람이 되고 만다. 열린 마음으로 더 넓은 세상을 볼 수 있어야 한다. 자신만이 옳다는 집착에서 벗어나 타인들의 다양한 가치관도 존중할 수 있어야 한다. 우리는 소인배보다는 대인배가 되도록 노력해야 한다.

우물 안 개구리와 우물 밖 개구리의 차이에 대해 세상을 보는 눈이 아닌, 행복의 측면에서 생각해보자. 개구리가 우물을 벗어나면 행복해질까? 우물 안 개구리가 답답한 우물에서 세상 물정 모르고 산다는 생각은 사실 제삼자의 시각일 뿐이지 않을까? 우물 안 개구리는 우물 밖이 얼마나 넓은지 알지 못하니 우물이 좁다고 느끼지 못할 것이다. 그 개구리에게는 그저 우물의 크기만큼이 세상의 크기일 뿐이다. 그런 개구리가 우물 밖으로 나오면 어떻게 될까? 처음에는 엄청난 세상의 크기에 놀라 경이로움을 느끼고, 그간의 우물 안 삶이 얼마나 답답했는지 깨닫게 될 것이다. 그러나 낯설고 거친 우물 밖 환경에 적응해야 할 테니 그것도 잠시일 뿐이다. 다른 많은 개구리와 경쟁해야 하고, 먹이 잡는 기술을 익혀야 하며, 자신을 잡아먹으려고 하는 뱀도 피해야 한다. 치열한 생존경쟁에 내몰린 개구리는 엄청난 스트레스를 견디며 과거 우물에 있을 때의 행복을 회상하면서 현재의 힘든 삶에 대해 불평하며 불행감에 빠질지도 모를 일이다. 달라진 세상에서 개구리가 느끼는 삶의 만족도는 그리 높을 것 같지 않다.

우리는 어떨까? 한국개발연구원(KDI)의 보고서에 따르면 2018~2020년 평균 우리나라 사람들이 느끼는 삶의 만족도 점수는 10점 만점에 5.85점으로, OECD 37개국 가운데 35위로 최하위권이었다. 우리 국민은 과거 전쟁의 폐허에서 일어나 경제 발전만이 우리의 살길로 알고, '잘살아 보세'라는 구호를 외치며 이제껏 정말 열심히 살아왔다. 2021년 올해는 정말 잘 사는 나라를 일컫는 선진국이 되었음을 대내외에 선포하기에 이를 정도로 경제대국이 되었다. 그런데, 국민이 느끼는 삶의 만족도가 이렇게 낮다면, 이게 정말 잘 사는 것인가?

우리 국민의 삶의 만족도가 이리도 낮은 원인을 하나로 설명하기는 어렵다. 복합적인 요인이 작용하고 있다. 그래도 하나 꼽으라면, 필자의 견해로는 우리 문화에 깔린 과도한 경쟁의식이다.

경쟁은 비교를 기본으로 한다. 남녀노소 누구나 우리는 비교에 너무나 익숙해 있다. 학창시절 성적지상주의 환경에서 1등부터 꼴등까지 그 누구도 자신의 등수에 만족하지 못하고, 더 상위와 비교해 더 높은 등수를 받으려 한다. 아무리 위로 올라가도 만족은 없다. 1등조차도 다른 집단의 1 등과 비교하게 되니 불만족이긴 마찬가지다. 더 좋은 대학, 더 좋은 학과를 위한 경쟁은 결국 대다수를 불만족으로 몰 아넣는다. 성인이 되어서도 비교에 따른 불만족은 끝이 나 지 않는다. 더 좋은 직장, 더 높은 실적, 더 높은 직위, 더 많 은 보수, 더 좋은 집, 더 좋은 가구, 더 좋은 차.

비교의 세계에 만족이란 없다. 이렇게 치열하게 경쟁하 는 삶이 세계적으로 유일무이하게 우리나라를 경제적으로 고도성장할 수 있도록 이끈 원동력이 된 것이지 모른다. 그 렇다면 낮은 삶의 만족도는 찬란한 경제적 풍요의 진한 그 림자이리라.

### 삶의 만족도와 뇌의 기능연결성

필자의 연구팀은 삶의 만족도가 높은 사람과 낮은 사람 들이 뇌 기능 측면에서 어떠한 특성을 보이는지 일련의 실 험을 통해 차례로 국제학술지에 발표한 바 있다.

첫째는 2016년 국제학술지*에 발표한 연구다.[7] 이 실험 에서 우리는 피험자들에게 긍정 혹은 부정 의미의 단어를 본인 얼굴 사진과 함께 순차적으로 보여주면서 서로의 관련성을 판단하는 동안 뇌 활성을 조사했다. 그 결과, 삶의 만족도가 높은 사람들은 부정적 단어 조건에서 자존감 중추(안쪽 전두피질)의 활성이 강해졌고, 정서조절을 담당하는 다른 뇌 영역과의 연계 활동도 두드러졌다. 즉, 자신의 삶에 만족하는 사람일수록 외부에서 들어온 나쁜 정보에 대해 자존감의 중추를 동원해 적극적으로 대응한다. 반대로, 삶의 만족도가 낮은 사람들은 긍정적 단어 조건에서 자존감의 중추 활성이 강해졌으며, 다른 뇌 영역과의 연계는 관찰되지 않았다. 다시 말해, 외부의 좋은 쪽 정보에 대해서는 효율적이지 못한 대응을 한 것이다.

이런 결과를 통해 우리는 나쁜 정보를 효율적으로 처리하는 뇌 구조의 활용도가 높으면 삶의 만족도도 높음을 알 수 있었다.

둘째는 2020년 국제학술지**에 발표한 자기존중과 자기비판에 관한 연구다.[8] 이 실험에서 우리는 우선 피험자들이 5분 동안 자기에 대한 존중의 말을 되뇌게 했다. 뇌 기능연결성 변화는 휴식상태에서의 기본적 연결성(디폴트 신경망)이 일부 강화되는 정도였다. 다음으로 5분 동안 자기를 비판하는 말을 되뇌게 했더니, 뇌 전체적으로 여러 신경회로의 기능연결성이 엄청나게 증가하는 것이 관찰되었다. 자기비판이 뇌에 막대한 부담을 준 것이다. 또 이런 기능연결성 변화는 자율성 및 유능성 욕구와 상당히 관련성이 있는 것으로 보였는데, 삶의 만족도가 높으면 자기 존중 후의 변화와, 삶의 만족도가 낮으면 자기비판 후의 변화와 강하게 연결되었다. 자기를 비판하면 할수록 삶의 만족도는 낮아지고, 자기를 존중하면 할수록 삶의 만족도는 높아진다는 것이다. 자기비판을 반복하는 일은 뇌가 지속적으로 과각성상태를 일으키게 되고, 이는 신체적으로 에너지 소모를 과다하게 하여 심리적인 탈진으로 이어질 수 있다. 이런 현상은 삶의 만족도가 낮은 사람일수록 더 확연하게 나타난다.

비교의 반복은 사람들을 자기존중보다는 자기비하라는 부정적 심리상태를 강화시킨다. 과도한 경쟁의식은 결국 사람들을 삶의 만족도가 저하되는 상태로 내몰게 된다. 그러니 너무나 치열한 현재의 우리 사회는 우울증이 증가할 수밖에 없는 환경인 것이다. 우리나라가 세계 최고 수준의 자살률에서 벗어나지 못하고 있는 것도 이러한 사회적 상황과 무관하지 않다.

## 삶을 만족시키는 긍정의 스트레스

　　최빈국에서 경제대국으로 바뀐 나라에 사는 우리는 우물 안을 뛰쳐나와 우물 밖 광활한 세상에 살게 된 개구리의 심리상태와 유사할지 모른다. 치열한 경쟁에 내몰려 때로는 생존을 위해, 때로는 더 좋은 것을 쟁취하기 위해 모습을 바꿔가며 끝없이 출현하는 스트레스를 견뎌내야 한다. 우물 밖으로 뛰쳐나와 경쟁적 삶의 연속에 불행을 느낀 개구리가 우물로 되돌아가면 다시 행복해질까? 그럴 리 없다. 이미 너무 큰 신세계를 경험했기에 과거 우물에서의 행복은 추억으로만 가능하다. 개구리는 이제 어떻게든 우물 밖에서 행복을 찾아야 한다. 우리도 이미 도래한 세상을 바꿔놓을 수는 없다. 이 자리에서 올바로 적응해 삶의 만족도를 높일 수 있어야 한다.

연구결과가 말해주듯이 삶의 만족도가 높아지려면 자기 존중을 통해 외부에서 들어오는 부정적 정보를 효율적으로 잘 처리해야 한다.

부정의 스트레스를 이겨내려면 긍정의 스트레스가 필요하다. 필요가 동기를 만든다. 경쟁에서의 승리만을 목표로 두어서는 안 된다. 남보다 좋은 것을 취한다고 삶의 만족도가 올라가지 않는다. 그런 만족은 잠시의 쾌감만 제공하고, 더 좋은 것을 쟁취해야 할 동기를 부여해 현재의 불만족을 심화시킨다. 자신만의 성취에 대한 목표가 필요하다. 자신에게 주어진 일이 경쟁의 수단이 아닌 자신만의 성취여야 한다. 일 자체를 즐길 수 있어야 인생이 즐겁다. 이에 더하여, 일을 벗어나 자신만의 취미 생활에서 성취를 얻으려는 긍정의 스트레스가 있다면 삶의 만족도 상승에 금상첨화가 될 것이다.

**지혜의 발견 04**

개구리가 우물을 벗어나서도 행복해지려면 자기존중을 통해 외부에서 들어오는 부정적 정보를 효율적으로 잘 처리해야 한다. 즉, 자신에게 주어진 일이 경쟁의 수단이 아닌 자신만의 성취이어야 한다. 그러니 피할 수 없으면 즐기자. 즐거운 마음으로 일하면 내 삶의 한 부분인 스트레스가 내 삶의 에너지가 될 수 있다.

주석

＊ PLoS One

＊＊ Neuroimage

## 05 이타적 행동과 뇌의 진화
### —말로 주고 되로도 안 받는 사람들

'되로 주고 말로 받는다'는 속담이 있다.

조금 주고 그 대가를 몇 배나 많이 받는 경우를 비유적으로 이르는 말이다. 되와 말은 곡식의 부피를 재는 단위다. 되는 네모난 됫박에 한가득 채운 양으로 1.8리터 가량이며, 말은 훨씬 큰 원통형 됫박에 채운 양으로 되의 열 배다. 준 양보다 훨씬 많은 곡식을 받으니 횡재로 느낄 수 있겠지만, 사실 이 속담은 부정적 상황에서 많이 사용한다. 남에게 행한 작은 악행이 역으로 자신에게 큰 악행으로 되돌아올 때다. 예를 들어, 화가 나서 욕 한 번 했다가 주먹질 당하는 경우를 생각해보자. 이런 상황을 요즘 젊은이들은 '역관광'이라 표현하는데, 이는 게임에서 유래한 은어로서 속담의 의미와 거의 같다.

## 주는 기쁨

작은 선물을 제공했는데, 받은 상대방이 고마움의 표시로 더 큰 선물로 답례한 경우가 있다. 이 상황을 선물 금액으로만 따졌을 때 제공자가 받은 이득만큼 답례자가 손해 본 것이라고 말할 수는 없다. 선물의 가치는 물건값에만 있지 않기 때문이다. 제공자의 작은 선물에 정성과 관심이 담겨 있어 답례자에게 감동을 준 경우가 그렇다. 답례의 선물이 더 비싸다 해도 답례자는 제공받은 호의에 비하면 보상으로 오히려 모자란다고 느낄 수 있다.

사람들은 선물을 받으면 기뻐하고, 선물을 주면서도 기뻐한다. 받는 사람의 기쁨이 주는 사람에게 전해져 함께 기뻐하게 된다. 주면서 기쁨을 느끼는 것은 인간이 행하는 여러 이타적 행동의 한 모습이다. 주는 기쁨은 타인을 위해 자신 소유의 일부를 내어주는 희생적 기쁨이기 때문이다. 주면서 기뻐하는 이타적 행동으로 대표적인 것이 자신의 재

산을 기꺼이 희생하는 자선 차원의 기부다. 자선행위로 기
부하는 사람들은 말로 주고 되로도 받으려 하지 않는다.

이타적 행동과 뇌의 진화

　학술적으로 파헤쳐보면, 기부 결정은 많은 정신적 과정
이 개입되는 복잡한 인지 프로세스다. 독일 막스플랑크연
구소의 연구진은 MRI 실험을 통해 기부 결정 과정에서 일
어나는 뇌의 복잡한 프로세스를 해부하여 2016년에 국제
학술지*에 발표한 바 있다.[9] 연구진은 피험자들이 차례로
제시되는 여러 자선단체를 보면서 기부할 금액을 결정하는
과제를 수행하는 동안 일어나는 뇌 반응을 촬영해 분석했
다. 그 결과, 공감의 중추(섬엽), 타인 마음이해의 중추(측두-두

정 접합부), 주의력 재구성의 중추(뒤쪽 측두고랑)의 활성이 특징적으로 나타났다. 이 결과를 통해 우리는 사람들이 기부 결정을 할 때 그들의 뇌에서는 타인에 대한 공감, 관점 수용, 관심 전환 등 세 가지 정신적 과정이 일어나고 있음을 알 수 있다.

공감은 타인의 고통으로 인해 일어나서 자신 또한 그 고통을 공유하는 정서적 반응이며, 관점 수용은 타인의 믿음, 생각 또는 의도를 추론하는 인지적 반응이라는 점에서 기부라는 이타적 결정이 정서와 인지의 복합적 과정임을 알 수 있다. 또한, 관심 전환에 의한 정서인지 반응의 행동화를 통해 이타적 결정이 자선적 행동으로 이어지는 것으로 이해할 수 있다. 이렇게 복잡하지만, 체계적으로 구성된 뇌 기반의 행동 양식은 이타적 행동이 뇌의 진화에 동반된 인간의 고등 기능임을 알려준다. 그래서 이타주의는 자신을 희생하면서라도 다른 사람의 요구에 반응하도록 진화적으로 보존된 신경 행동 메커니즘이다.


이타적 행동과 친사회적 행동의 관계

이타주의는 다양한 유형의 친사회적 행동과 관련된 사회

적 대인관계적 양식이다. 자신에게 이익이 되지 않는 경우에도 타인에게 유익한 방식으로 낯선 사람과 기꺼이 상호작용할 정도로 인간에게는 이타적 행동의 경향이 유전적으로 부여되어 있다.

오로지 생존의 법칙만이 작용하는 이기적인 동물의 세계에서는 자식을 보호하기 위한 어미의 행동을 제외하면 남을 위해 자신을 희생하는 행동은 찾아보기 힘들다. 그렇다고 전혀 없는 것은 아니다. 진화된 인간만큼은 아니지만 원초적 수준에서는 발견할 수 있다. 예를 들어, 일어서기 힘들어하는 코끼리를 다른 코끼리가 밀어준다거나, 그물에 걸린 돌고래를 다른 돌고래가 그물을 벗어날 수 있도록 해주려는 경우다. 진화적으로, 유전적으로 부여된 것이니만큼 인간에게서도 이미 영아기에 원초적이지만 이타적인 행동을 찾아볼 수 있다. 돌을 갓 지난 아이가 다른 사람이 손이 닿지 않는 물건을 잡도록 물건을 밀어주는 행동을 하는 경우가 그 예다. 이렇게 인간에게 부여된 이타적 행동 양식은 성장 발달하면서 점점 더 친사회적으로 행동하도록 기회를 제공한다. 인간 사회는 희생적 모성 본성이 보편적 인간을 향해 확장되면서 타인을 위한 이타적 도움 행동이 일반화되어 있다는 점에서 숭고하다.

이타주의를 실천하는 사람 중에는 자신의 삶 자체를 바치는 사람들이 있다. 아가페적 사랑을 실천하는 중증장애인 돌보미들이 그들이다. 필자는 젊은 시절 중증장애인 시설에서 수년간 공중보건의로 근무한 적이 있었는데, 그 당시 가족도 감당하지 못하는 극심한 장애가 있는 환자들을 보수 없이 헌신적으로 돌보는 자원봉사자들을 많이 만났다. 그렇게 힘든 일을 아무런 보상도 없이 해내는 사람들을 보면서, 필자는 그들의 무의식적 동기가 과연 무엇일까 궁금했었지만 당시에는 해답을 얻지 못했다. 훗날 뇌기능매핑을 연구하면서 해답을 주는 논문들을 발견하여 감격했던 경험이 있다. 기능MRI 연구들에 따르면, 연인 간의 낭만적 사랑, 어머니의 아기 사랑, 자원봉사 돌보미의 장애아동 사랑이 모두 공통으로 애착의 중추와 희열감의 중추를 포함하는 뇌 변연계 활성과 관련된다는 것이다. 이러한 결과는 자원봉사자들로 하여금 보상 없는 돌봄 행동을 하도록 이끈 무의식적 원동력이 사랑의 기저를 이루는 애착과 희열감이라는 사실을 말해준다. 봉사를 통한 사랑 감정의 느낌 자체가 바로 그들의 뇌에서는 보상이었다. 아무런 물질적 보상의 기대 없이 타인을 위해 일하면서 타인의 안녕을 진심으로 기뻐하고, 타인의 아픔에 진정으로 공감하는 분들이기에 그들의 마음이 곧 아가페적 사랑이라 하겠다.

우리 인간이 이렇게 이타주의 실천의 방향으로 진화되기는 했지만 보통의 사람들은 원초적 이기주의의 수준을 벗어나지 못하고 있음도 엄연한 현실이다. 우리는 일상생활에서 이기주의와 이타주의를 넘나들며 살고 있다. IC로 빠져나가려 줄지어 서행하는 차들에서도 두 가지 행동 양식이 잘 드러난다. 얼마 안 되는 시간에 빨리 가려고 새치기하는 이기주의적 행동과 사고 예방을 위해 그런 차에게 자리를 내어주는 이타주의적 행동이 대비되곤 한다. 이기주의와 이타주의 모두 우리 안에 내재된 상황에서 어느 쪽 행동 양식을 더 많이 사용할 것인가는 순전히 우리의 선택으로 남아 있다.

사람들의 이타적 행동의 이면에 이기주의적 요소가 작용한다는 주장도 있다. 고통당하는 사람을 볼 때 일어나는 언짢은 감정의 해소와 마음의 평정 유지, 돕지 않아서 일어나는 죄의식이나 자책감에 의한 자기 처벌의 고통 예방, 혹은 도움주는 것에 뒤따를 칭송에 대한 보상심리의 작용 등이 무의식적으로 작용한다는 것이다. 그러나 타인에 대한 공감을 바탕으로 형성되는 도움 행동의 이면에는 이타주의적 동기 요소가 훨씬 우세하게 작용한다는 실험 결과들이 있다. 즉, 공감 능력이 강한 사람들은 해결이 어려워 오랜 시간이 걸리는 상황에서, 도움 행동을 하지 않아도 양심적으로 꺼릴 것이 없는 상황에서, 그리고 도움 행동의 사회적 평가 내용을 알지 못하는 상황에서도 지속해서 도움 행동을 많이 한다. 그러므로 이타주의를 실천하는 사람의 순수한 공감의 마음을 이기적 동기로 설명하는 것은 아무리 무의식 해부의 측면이 있다 해도 옳지 않은 시각임이 분명하다.

이렇게 이기적 동기를 따지지 않더라도 이타적인 행동 자체가 개인에게 이익으로 작용한다는 조사 결과들이 있다. 예를 들어, 자원봉사를 많이 하는 사람들은 행복지수, 건강지수, 삶의 만족도 지수 등이 상대적으로 높고, 우울감과 불안감 수준이 낮다. 그런 분들이 중병을 앓을 확률도 낮음을 보여주는 조사 결과도 있다. 이러한 사실들을 통해 우리는 이타적 행동이 타인에게 도움이 될 뿐만 아니라 본인의 현재 및 미래의 신체적, 심리적 웰빙에 긍정적인 영향을 미친다는 것을 알 수 있다.

말로 주고 되로도 받지 않으려는 사람들이 있다. 이는 이타적 행동으로, 우리가 진화적으로 고등 기능을 갖추고 있다는 것을 의미한다. 그러므로 이타주의는 정방향의 사회화 과정이며, 건강한 삶을 사는 비결이다

주석

* Journal of Neuroscience

# 06  행동억제 브레이크

## —개와 함께 나누는 죽 한 그릇

고생한 것에 비해 성과를 얻지 못해 허탈함을 경험했던 두 명의 공황장애 환자가 있었다. 작은 부동산개발회사 대표였던 K씨는 전원주택 단지 조성을 위해 오랜 시간 공을 들여 동업자와 함께 서울근교에 땅을 매입했다. 한참 지나 동업자는 땅이 모두 자신의 소유라며 소송을 걸어 재판에 시달리게 했고, 결국 패소해서 땅을 다 빼앗기고 말았다. 허탈해진 마음으로 진료를 위해 방문한 자리에서, 그는 "죽 쒀서 개 줬다"며 한탄했다. 연극을 전공하는 대학생 A씨는 학교 과제로 연극을 기획하고 연기까지 맡느라 엄청난 에너지를 쏟게 되었다. 공연이 끝나고 받은 평가는 자신이 스카우트됐던 후배 한 명만 훌륭한 연기로 주목을 받는 실망스러운 것이었다. 그 역시 진료실에서 "죽 쒀서 개 줬다"며 긴 불평을 늘어놓았다.

우리는 일상생활의 크고 작은 일에서 K씨나 A씨와 비슷한 상황을 자주 경험한다. 누구나 정성 들여서 하는 일이 있다. 그 정성에는 간절한 마음, 돈, 시간, 노력 등이 포함된다. 정성을 들인다고 항상 좋은 결과로 이어지는 것은 아니다. 원하는 결과를 얻지 못하면 자책의 마음도 생기지만, 남의 탓을 하게 될 수도 있다. 여기서 '남'이란 K씨 경우처럼 가해자일 수도 있고, A씨의 경우처럼 애꿎은 희생양일 수도 있다. 그게 누구든 허탈한 마음은 같다.

허탈한 마음

'죽 쒀서 개 준 꼴'이라는 속담이 있다.

이는 애써 만든 물건이나 성과를 남이 가진다는 말로, 큰 노력을 들인 일이 허사가 되었을 때의 허탈한 마음을 표현한다. 죽을 쑤려면 정성이 필요하다. 타지 않게 계속 저어 주어야 한다. 게다가 병자가 먹을 것이니 나아지기를 기원하는 마음마저 그 정성에 깃들게 된다. '개 팔자가 상팔자'

라는 속담도 있다. 옛날의 개는 하는 일 없이 편하게 있다가 사람이 먹다 남은 음식이나 받아먹고 사는 존재였다. 그래서 개는 욕에도 잘 등장한다. 정성스레 만든 죽을 병자가 먹기도 전에 상팔자의 개가 먹어버리면 그 마음이 보통 허탈한 게 아니리라.

그런데, 새로운 관점에서 속담에 나오는 개에 대해 다시 생각해볼 여지가 있다. 개와 입장을 바꿔 생각해보는 것이다. 개가 죽 먹을 자격이 없다는 생각은 죽 쑨 사람의 입장일 뿐이다. 개는 다를 수 있다. 사람에게 애교를 부려주고, 집도 지켜주니 죽 정도 먹는 것은 개에게 당연한 대가이다. 개의 관점에서 죽을 쑨 사람은 지나치게 욕심을 부린 탐욕자일 수 있다. 탐욕에 빠지면 가져도 가져도 더 가지려 하는 놀부가 된다. 자신이 하는 모든 일은 어떤 식으로든 정성이 들어간 일이라 믿으며, 그래서 무슨 일이든 원하는 만큼의 성취가 따라오지 않으면 죽 먹은 개 탓을 한다.


## 탐욕을 지배하는 행동억제 브레이크

탐욕의 특징은 더 많은 것에 대해 만족할 줄 모르는 굶주림과 충분하지 않은 것에 대한 불만족이다. 중국 베이징대학교 연구진은 이러한 탐욕의 특성을 반영하는 실험적 도박과제를 만들어 뇌 기능 측정에 이용하는 방법으로 탐욕의 뇌 기전을 연구해 2019년에 국제학술지*에 발표했다.[10] 실험에 이용된 도박과제는 투자의 성공과 실패에 따라 보상액수가 달라지는 것이었다. 실험 결과, 투자할 때의 이득과 손실에 대한 전망이 모두 쾌감보상의 중추(측위핵)와 행동억제 중추(아래안쪽 전두피질)의 활성과 관련되었고, 특히 행동억제 중추의 활성이 낮을수록 피험자들의 탐욕성향 점수가 높았다. 이 결과에서 탐욕적인 행동은 뇌에서 보상을 추구하는 행동이 억제되지 못하는 것에서 비롯된다는 것을 알려준다.

이 연구결과대로라면 탐욕자의 뇌는 보상을 향해서 행동억제의 브레이크가 제대로 작동되지 않는 상태. 탐욕의 상징인 놀부에게는 지금의 내 것은 소중한 것이며, 내 눈앞에 보이는 것은 다 내 것이 되어야 하며, 내 것이 될 것을 가져가려는 자는 다 내가 쑨 죽을 먹으려는 개다. 흥부가 그런 존재다. 놀부의 눈에 흥부는 하는 일이 없어 수입도 없는 주제에 아이만 많이 낳아 굶기거나 하는 무능한 인간이다.

요즘 우리들의 경제관에 비추어보면 놀부의 생각이 틀리

지 않는다. 우리 모두 더 많은 물적 소유를 위해 열심히 살아가고 있다. 게다가 탐욕의 대상에 돈과 재물만 있는 게 아니다. 음식, 사람, 실적, 지위, 명예 등과 같은 유형, 무형의 대상들이 모두 더 많은 것, 더 높은 곳에 도달하도록 우리를 유혹한다.

### 뇌에 드러난 놀부 심보

아주 과하게 탐욕을 부려 우리 사회에서 지탄의 대상이 되는 사람들이 요즘에도 많다. 그러나 탐욕은 그들만의 문제가 아니다. 우리는 모두 놀부 심보를 갖고 있다. 정도만 다를 뿐이다. 사람들의 놀부 심보에 관한 뇌과학 연구가 있다.

이스라엘 하이파대학교 연구진이 2010년 국제학술지**에 발표한 연구다.[11] 연구진은 피험자들이 동료(가상의 플레이어)와 함께 돈을 벌거나 잃는 대화형 기회 게임을 하는 동안 뇌 MRI를 촬영했다. 분석 결과, 쾌감보상의 중추(측위핵) 활성은 자신이 돈을 벌면 증가하고, 잃으면 감소하는 당연한 반응을 나타냈다. 그런데, 쾌감보상 중추의 활성은 자신이 돈을 벌었어도 상대방이 더 벌었으면 감소했고, 반대로 자신이 돈을 잃었어도 동료가 더 잃었으면 증가했다. 시기심에 가득 찬 놀부 심보가 뇌에서 그대로 드러난 것이다.

탐욕의 부작용은 본성과 관련이 있다. 탐욕의 본성은 산 넘어 산이다. 애초에 충족될 수 없다. 그런데도 충족시키겠다고 사람들은 무리수를 두기도 한다. 문제는 탐욕으로 소유한 것의 크기만큼 정신건강이 향상되지 않는다는 것이다. 보상이 쌓여 쾌감은 있어도 만족이 없으니 행복은 없다. 보상이 충분하지 않으면 누구 탓을 하게 되니 의심과 경계 때문에 안정이 없다. 결국, 더 많이 가질수록 더 불행을 느끼는 아이러니의 세상에 우리는 살고 있다. 이 탐욕과 불만족의 악순환에서 벗어나려면 방하착(放下著)이 필요하다.

### 내려놓으면 편안한 방하착

필자는 환자 보호자 덕분에 '방하착'을 알게 되었다. 불안증 증상으로 호흡곤란이 심했던 환자의 남편인 서예가께서 어느 날 진료실 방문 길에 '방하착'이 쓰인 예쁜 장식물을 가져오셨다. 환자들에게 도움이 되는 글귀를 전하고 싶어 기증하고 싶다고 하시며, 그 의미를 설명해주셨다. 방하착은 스님들 사이의 가르침으로 '내려놓아라'의 뜻이다. 예화로 장님과 스님 이야기가 있다. 장님이 별로 높지 않은 나뭇가지에 매달려 손을 놓으면 떨어져 죽는 줄 알고 살려달라며 소리치고 있었다. 옆을 지나던 스님이 살려면 손을 놓으라고 충고했지만, 장님은 힘이 빠져 떨어질 때까지 놓지 않았다. 엉덩방아만 찧고 일어선 장님은 삶의 기쁨도 잠시, 창피함에 줄행랑을 쳤다.

방하착 장식물은 지금도 필자의 진료실에 전시되어 있다. 환자들이 궁금해 하면서 뭐냐고 물어볼 때마다 뜻을 설명해드리며, 기증해주신 서예가께 감사하고 있다. 그렇다.

소유욕이 가득 찬 우리는 장님 같아서 방하착을 못하고 있다. 내려놓으면 편안함에 안착할 것인데, 없으면 큰일인 줄 알고 붙잡고 아등바등하고 있다. 재물, 권력, 명예, 우리가 다 필요로 하는 것들이다. 그러나 순리를 벗어나 탐욕이 될 때, 우리는 그것들의 노예가 되고 만다. 주인이 되어버린 그것들은 언젠가는 나의 편안함을 앗아가 불안의 늪에 빠트린다.

개를 끌어드린 다른 속담인 '개같이 벌어서 정승같이 쓴다'는 말은 바닥에 떨어진 더러운 음식을 먹고 사는 개처럼 지저분하게 돈을 벌더라도, 쓸 때만큼은 우아하게 보람된 곳에 쓴다는 말이다. 놀부는 개처럼 벌기는 했는데, 정승같이 쓰지 못했다. 탐욕의 결과이든 순리의 결과이든 우리는 재물, 권력, 명예의 뭔가를 소유하고 있다. 그 뭔가가 많고 적음은 소유자의 주관적 느낌에 따라 다르다. 누구에게는 적은 양이 다른 누구에게는 많은 양일 수 있다. 반대도 마찬가지다. 놀부는 큰 벌을 받고서야 본인의 인색함을 깨달았다. 우리는 행복을 위해 대가를 치르기 전에 인색함에서 벗어나야 한다. 행복을 위해 재물, 권력, 명예의 우아한 소비가 필요하다.

개는 죽 먹으면 안 될까? 개의 입장처럼 상대의 상황에서 바라보자. 탐욕의 자신을 내려놓는 깨달음이 있다면 편안하고 행복한, 우아한 삶을 살 수 있을 것이니, 기꺼이 개에게 주는 죽이 아깝지 않으리.

주석

* eLife

** Human Brain Mapping

## 07 쾌감 보상회로와 열정
### —밑 빠진 독을 채우는 방법

'밑 빠진 독에 물 붓기'는 아래에 구멍이 난 독에 물을 부어봐야 줄줄 새기만 하고 채울 수 없는 것처럼, 아무리 애써봐야 보람이 없는 경우에 쓰는 속담이다. 여기에서 물은 일상생활에서는 대개 돈이다. 개인이건 집단이건 지출이 너무 많아 돈을 벌어도 적자를 면할 수 없을 때 흔히 사용한다.

밑 빠진 독을 채우는 방법

밑 빠진 독에는 구멍을 먼저 메우고 난 후에 물을 채우면 간단히 해결되지만, 그리 쉬운 일이 아니다. 더구나 속담을 인용할 정도의 상황은 대부분 구멍 메우기가 불가능에 가깝다. 줘도 줘도 더 많이 달라는 자식의 용돈 요구에 물 붓는 부모의 마음은 타들어 가지만, 자식은 헤프게 쓰는 습관의 구멍을 메울 생각은 하지 않는다. 적자에 시달리는 사업을 어쩔 수 없이 유지해야 해서 물 붓듯 투자를 계속하지만, 사업유지에 필요한 기본비용의 구멍이 너무 커서 작게 만들 방법이 보이지 않는다. 그래서 이런 경우 항상 한탄이 따른다.

그런데 밑 빠진 독에는 정말 물을 채울 수 없을까? 구멍을 메우지 않고도 채우는 방법이 있다. 여름날 억수같이 비가 쏟아 부어 하수구로 빠져나갈 양을 넘으면 침수되면서 도시가 온통 물바다가 된다. 그렇게 구멍으로 빠져나가는 물보다 더 많은 양을 쉬지 않고 쏟아 부으면 된다. 출력보다 입력이 많으면 쌓이게 되어 있다. 그러나 돈을 이렇게 쏟아 붓는 일은 어리석다. 하지만 쏟아 붓는 게 열정이라면 다르다. 우리가 뭔가 열정을 쏟아 부을 때면 새는 구멍을 미리 확인하지는 않는다. 그렇게 계산적이라면 열정도 아니다. 어차피 쏟아 부으면 차게 되어 있으니 확인할 필요가 없기도 하다.

## 낭만적 사랑은 열정의 뇌 활동

우리의 인생에서 열정 1호는 연인을 향한 조건 없는 열망이다. 남녀 사이의 열정적 사랑의 시작은 끌림과 빠져듦이다. 연애 초기 낭만적 사랑의 시기에 있는 연인을 대상으로 상대의 얼굴을 보여주고 뇌 반응을 조사한 연구에 따르면, 도파민이 풍부한 쾌감보상의 중추(측위핵, 중뇌)와 원초적 정서 처리의 중추(변연계)의 활성이 특징적이다. 이에 비해 계산적 사고와 관련된 중추(두정엽)의 활성은 보이지 않았다. 상대를 향해 쏟아 붓는 열정의 뇌 활동이 곧 낭만적 사랑이라는 말이다.

결혼 후 세월이 지나서는 어떨까? 필자의 연구팀에서는 젊은 부부를 대상으로 MRI 연구를 진행하면서, '열정적 사랑척도'를 결혼 전 예비부부 시절과 결혼 3년 후에 측정한 적이 있다. 남녀 모두 결혼 전에는 꽤 높았던 열정 점수가 결혼 3년 후 남성에서는 별 변화가 없었으나, 여성에서는 약간 내려간 결과를 나타냈다. 이런 차이가 생긴 이유는 확실하지는 않으나, 남성보다는 여성이 결혼생활의 환경적인 영향으로 인해 더 많은 스트레스를 받기 때문이 아닐까 추정된다. 결혼 20주년쯤 되면 어떨까?

미국 스토니브룩대학교 연구진은 결혼한 지 평균 21년 된 부부들을 대상으로 배우자 얼굴을 보았을 때의 뇌 반응을 MRI로 측정한 후 분석하여 그 결과를 2012년 국제학술지*에 발표했다.[12] 이에 따르면, 도파민성 쾌감 보상회로가 활성화되었고, 그 정도는 낭만적 사랑 점수와 비례했다. 또 원초적 정서 처리의 중추에 속하는 여러 영역이 활성화되었고, 그 활성 중의 일부는 성관계 횟수와 비례했다. 이 결과는 결혼 전 연애기에 배우자의 얼굴을 보았을 때의 뇌 반응과 거의 유사하다. 서로에게 열정이 유지되는 한, 부부는 아무리 오랜 세월이 흘러도 서로에 대한 뇌의 반응이 달라지지 않는다는 말이다. 이들의 사랑에 내성은 없다.

### 열정은 식어도 불씨를 남긴다

모든 부부가 이런 결과를 보이지는 않을 것이다. 결혼 생활 20년이면 소 닭 보듯이 사는 부부들도 많다. 서로에 대한 열정이 식어버린 부부에게 같은 실험을 했다면 전혀 다른 결과를 보일 것이 분명하다. 열정 없는 부부가 굳이 이런 실험에 참여하려고 하지 않을 테니, 실제 결과를 확인하기는 어렵다. 하지만 열정은 식어도 불씨를 남긴다. 증오에 겨

워 이혼하지 않는 한, 불씨는 언제든 열정으로 일어날 수 있다. 30년, 40년의 결혼 생활에도 서로에 대한 애틋한 마음을 가질 수 있다면 그것이 행복이다.

다른 형태의 열정으로 좋아하는 연예인을 향한 팬심이 있다. 연예인의 팬들은 엄청난 열정으로 콘서트 관람을 열망하고, 콘서트에 참여해 흥분과 광란의 시간을 보낸다. 세계 최고의 아티스트가 된 방탄소년단의 팬들은 열정의 끝판을 보여준다. '아미'들은 콘서트 티켓을 구하기 위해 매표소 앞에 텐트를 치고 며칠을 기다리는 수고를 아끼지 않는다. 사생팬이 되지 않는 한 이러한 열정의 팬심은 곧 행복감의 촉매제 역할을 한다.

젊어서 그런 열정을 가졌던 사람들은 나이 들어 추억의 불씨를 마음에 품고 살게 된다. 그러다가 언제든 그 불씨가 열정으로 일어나 행복감을 재충전해줄 가능성이 크다. 필자에게 진료를 받는 우울증 환자 중에 60대임에도 가수 Y의 팬으로 열정을 불태우는 분이 있다. 불씨 수준이던 팬심이 열정으로 발현되었을 때가 우울증이 호전된 때와 묘하게 비슷했다. 어느 날 환자는 그 가수의 신곡 CD를 필자에게 선물하며 말했다. "교수님께 이걸 드릴 수 있어서 너무 행복해요." 우울증 환자의 입에서 행복하다는 말이 나오면 의사도 행복하다. 필자 역시 한 가수의 팬이다. 가수 P의 거의 모든 음원과 방송 출연 영상이 휴대폰에 빼곡히 저장되어 있다. 머리가 혼란스러우면 그 가수의 노래를 듣는데, 그럴 때마다 뇌가 정화되는 느낌이다.

스포츠팀의 팬으로서 승리를 염원하는 열정도 있다. 우리나라에도 이런 열정을 가진 분들이 많기는 하지만, 서구와 비교하면 그 수가 상대적으로 적은 듯하다. 미국의 미식 축구팀이나 유럽 축구팀 팬들의 열정은 가히 엄청난 수준이다. 필자는 영국 프리미어리그의 축구 중계를 자주 보는 편인데, 관중들의 수나 응원 열기를 통해 그들의 열정이 얼마나 엄청난지 느낄 수 있다. 우리나라도 2002년 월드컵 때 축구 경기장마다 응원 열기가 대단했었다. 우리에겐 이미 추억이 되어버린 그 열기가 프리미어리그에서는 일상적인 일이다.

이런 응원 열정이 뇌에서 어떤 반응으로 나타나는지를 조사한 연구가 있다. 포르투갈 코임브라대학교 연구진이 2017년 국제학술지*에 해당 논문을 게재했다.[13] 연구의 피험자들은 라이벌 관계인 포르투갈의 두 유명 축구팀의 팬들이었고, 피험자들이 두 팀 간 경기의 골 장면을 시청하는 동안 MRI가 촬영되었다. 분석 결과, 응원 팀의 골 장면을 시청할 때 도파민이 풍부한 쾌감보상의 중추(중뇌)와 원초적 정서 처리의 중추(변연계)의 활성이 증가했다. 이 결과는 남녀 간 낭만적 사랑의 뇌 반응과 매우 유사하다. 팬들의 팀 사랑이 남녀 간의 사랑과 닮았다는 말이 된다. 둘의 공통분모는 열정이다.

사랑의 열정과 팬심의 열정이 비슷한 뇌 반응을 일으킨다는 사실은 다른 열정 또한 비슷하리란 것을 말해준다. 열정은 쾌감보상의 성격을 지녀 순간적 짜릿함과 중독적인 끌림을 느끼게 한다. 이는 원초적인 정서여서 무의식적인 반복과 반사적 반응을 일으킨다. 어떤 열정이든 대상은 하나면 족하다. 사랑도 하나, 가수도 하나, 응원하는 팀도 하나, 즐기는 취미도 하나. 하나이기에 열정이다. 둘 셋으로 늘면 더는 열정이라 말하기 어렵다.

열정의 독에도 밑에 구멍이 있다. 구멍으로 빠져나가는 양보다 더 많은 양의 열정을 항상 투입해야 독이 비지 않는다. 그러나 언제까지나 그런 열정을 투입하기에는 우리의 에너지가 부족하다. 열정은 그래서 쉽게 식는다. 다행히 열정은 완전히 마르는 물 같지는 않다. 식어도 불씨를 남기기에 언제든 다시 피어날 수 있다.

밑 빠진 독에 물을 채울 수 있다면, 그것은 열정뿐이다. 빠지는 물보다 들이붓는 물이 많다면 당연히 독에는 물이 그득할 거다. 그러니 애써 멀리서 찾지 말고 지금 가까이에 있거나 있었던 열정의 불씨를 살려 낼 일이다!

주석

＊ Social Cognitive and Affective Neuroscience

Part **2**

# 익숙함을 벗어나서

## 08 시각의 속성
### ─쳐다봐야 오를 수 있다

'오르지 못할 나무는 쳐다보지도 마라'는 속담이 있다.

이는 자기가 해낼 수 없는 불가능한 일에 대해서는 처음부터 욕심을 내지 않는 것이 좋다는 의미이다. 우리는 일상생활에서 분수를 모르고 지나치게 욕심을 부리면 오히려 화가 될 수 있다는 것을 경고할 때 이 말을 사용한다. 속담의 경고대로 어설프게 일인자가 되려다가 몰락하기보다 절제된 처신으로 성공한 이인자로 살아가는 사람도 많다. 만족을 알면 욕을 당하지 않고, 중단을 알면 위태롭지 않다는 처세술이 몸에 밴 사람들이다.

## 높은 나무에 올라야 할 이유

속담처럼 오르지 못할 나무가 세상에 있을까? 옛날에는 있었는지 몰라도, 최소한 지금은 없다. 하와이 민속촌에서 공연하는 현지인은 나뭇가지 하나 없는 그 높은 야자수를 귀신같이 오르내려 관중들에게 탄성의 박수를 받는다. 이제는 엄청난 높이의 자작나무라 하더라도 현대적 장비를 이용하면 올라가지 못할 이유가 없다. 올라갈 방법을 찾은 것은 미리 포기하지 않고, 그 나무를 계속 쳐다보면서 방법을 궁리했기에 가능했다. 그런 궁리가 특별한 기술이나 장비 개발로 이어진 것이다.

굳이 높은 나무를 올라가야 할 이유는 높은 곳에서 멀리 보기 위함이다. 인간은 보려고 하는 속성이 있다. 보지 않으면 믿지 못하기 때문이다. 의심이 발동하는 것이다. 보이지 않으면 만족하지 못해서 보려고 한다. 호기심이 발동하는 것이다. 사람 마음의 이런 속성을 상징적으로 잘 표현한 이야기가 있다. 그리스-로마 신화의 마음의 신 프시케 이야기다.

## 의심과 호기심은 인간 마음의 핵심 구성요소

세 자매의 막내였던 프시케 여신은 사랑의 신 에로스(큐피드)와 결혼을 하지만, 빛이 있는 곳에서는 서로 보지 않아야 한다는 조건 때문에 밤에만 만나야 했다. 행복하던 프시케는 에로스가 괴물이라는 언니들의 부추김에 의심이 발동하여 밤에 등잔을 밝혀 에로스를 보게 되고, 그 잘못으로 에로스는 영영 떠나가게 되었다. 프시케는 에로스의 어머니인 미의 여신 아프로디테를 찾아가서 여러 가지 시험을 거친 후, 상자 하나를 저승에 전달하라는 마지막 미션을 받았다. 절대 상자 속을 들여다보면 안 된다는 지시와 함께 상자를 갖고 돌아오는 길에, 그만 호기심이 발동해 상자를 열어보고 만다. 상자에는 잠이 담겨 있어서 프시케는 기약 없는 잠에 빠지게 되었다.

이후의 이야기가 진행되고, 결말은 프시케와 에로스가 하늘에서 같이 살게 되는 해피엔딩이다. 그러나 그렇게 해피엔딩이 되기까지 프시케를 시련으로 몰아넣은 두 사건의 핵심은 모두 '보지 말라는 것을 본 것'이었다. 인간의 마음을 다루는 정신의학(Psychiatry)과 심리학(Psychology)의 어원은 모두 프시케(Psyche)다. 신화에서 드러나듯, 인간 마음의 핵심 구성요소는 보지 않으면 믿지 못하는 '의심'과 보이지 않으면 보려고 하는 '호기심'이다.

좌_큐피드와 프시케(1821) By William Etty, License: All files can be freely used for personal and commercial projects with no attribution required

우_황금상자를 여는 프시케(1903) By John William Waterhouse, License: All files can be freely used for personal and commercial projects with no attribution required

### 시각에 의존하도록 진화한 뇌

사람은 왜 봐야 믿을까? 뇌과학 차원에서 답을 하면, 사람의 뇌가 다른 감각보다 시각에 더 많이 의존하도록 진화했기 때문이다. 물리적 차원에서 시각 자극은 다른 감각 자극과 달리 환경에 의해 왜곡되지 않아 안정적이고 정확하다. 이런 시각 자극을 받아 정보처리를 하는 사람의 뇌도 역시 정확한 처리를 위해 시각 기능에 높은 할당 비율이 설정되어 있다. 감각 처리 전체에서 시각에 할당된 중추의 비율이 80%가 넘을 정도다.

진화된 사람의 뇌 후반부에 위치한 거의 모든 부분은 시각적 정보처리를 담당한다. 그중에서도 공간 감각은 두정엽이, 모양 감각은 측두엽이 맡도록 기능을 분산시킨 후, 전두엽이 통합적으로 정보를 처리하도록 특별하게 설계되어 있어 정보의 정확성이 높다. 그래서 오감에서 가장 정확한 감각이 바로 시각이다.

뇌 내부의 정보처리에서 시각 정보는 다른 감각 정보보다 지배적이다. 이를 잘 보여주는 현상이 '맥거크(McGurk) 효과'다. 이는 다른 말소리를 내는 입 모양을 보면, 듣는 소리도 달라지는 현상을 일컫는다. 예를 들어, '바'라는 소리를 듣는데, 말하는 사람의 입 모양이 '가'이면, '다'로 들린다. 미국 유타대학교 연구진은 맥거크 효과가 뇌에서 어떤 방식으로 작동하는지 실험하여 2013년 국제학술지*에 연구 결과를 발표했다.[14] 이 실험에서 연구진은 피험자들이 실제의 발음과 같은 입 모양의 소리를 보고 들을 때와 달리, 다른 입 모양에 의해 왜곡된 발음 소리를 들을 때, 시각피질(후두엽)의 시각 정보가 청각피질(위쪽 측두엽) 방향으로 전달되어 청각 활성에 변형이 일어난다는 것을 확인했다. 시각 자극이 청각적 인식을 왜곡시킨 것이다.

시각 자극은 사람의 감정도 왜곡시킨다. 우리는 일상생활에서 이런 현상을 자주 접한다. 침샘에서는 하루에 1리터가 넘는 엄청난 양의 침이 분비된다. 우리는 너무나 당연하게 그 침의 거의 전량을 삼키고 있다. 그렇지만 침을 뱉어 눈으로 본 후에는 다시 삼키지 못한다. 침이라는 시각 자극이 조건화된 혐오의 감정을 불러일으키기 때문이다. 끔직한 사고를 겪은 후에 외상후 스트레스장애가 생긴 환자들 사이에서도 감정 증상에 차이가 있다. 같은 사고의 피해자라 하더라도 사고 장면을 눈으로 본 사람이 보지 못한 사람보다 증상이 훨씬 심하다.

이렇듯 시각 자극은 다른 감각보다 지배적이다. 어린아이들이 오디오보다는 비디오에 잘 빠지는 이유도 시각의 지배성과 관련이 있다. 그 지배성은 휴식 방법에서도 차별성을 드러낸다. 우리는 잘 때 귀를 막지 않고, 코도 막지 않지만, 눈은 감는다. 시각은 완벽한 휴식이 필요하기 때문이다. 그래야 뇌가 쉴 수 있다. 잘 때는 눈을 감은 무의식 상태다. 깨면 눈을 뜬 의식상태가 된다. 의식 상태로 있어야 뭘 알 수 있다. 이런 원리가 작동해서인지, 우리는 일상생활에서 '본다'를 '안다'의 의미로 흔히 사용한다. 영어에서도 see는 '보다'이자 '알다'이다. 봐야 알고 믿는 것은 어쩔 수 없는 우리의 속성인 것이다.


### 시각과 호기심

프시케 신화에 드러난 두 번째 인간 마음의 핵심은 보이지 않는 궁금함을 참지 못해서 보려고 하는 호기심이다. 아직 오르지 못한 나무라도 계속 쳐다보면 호기심이 발동되어 올라갈 방법을 찾게 된다. 아인슈타인도 과학 발전의 원동력은 인간의 거룩한 호기심이라 했다. 이러한 호기심이 어떻게 발현하고 완화되는지에 대한 연구가 네덜란드 라드바우드대학교 연구진에 의해 실행되었다.

2018년 국제학술지**에 발표된 이 연구에서 연구진은 피험자들이 호기심을 일으킨 과제를 수행하는 동안 뇌 MRI

를 촬영했다.[15] 과제는 피험자에게 보상액수가 서로 다르게 할당된 빨강 혹은 파랑 구슬 20개가 담긴 병(병마다 구슬의 색깔 비율도 다름)을 보여준 다음, 꺼낸 구슬 하나에 할당된 금액을 제공하는 방식으로 성과를 알고 싶어 하는 피험자의 호기심을 유발하는 것이었다. 실험 결과, 빨강/파랑이 비율이 같아서 보상액수를 예상하는 것이 어려워 불확실성이 극대화된 조건에서 피험자들은 가장 높게 호기심 점수를 매겼다. 또, 호기심 점수가 높아질수록 시각적 공간감각과 계산 중추(두정엽)의 활성도 강했다. 불확실성 증가, 호기심 증가, 2차 시각중추 활성 증가 등 세 가지가 같은 방향으로 움직인 것이다. 이런 결과는 보고 앎으로써 궁금함을 해소하고자 하는 인간의 속성이 뇌에서 작동되고 있음을 알려주는 것이라 하겠다.

우리는 불가능으로 보였던 목표가 가능한 현실로 전환된 인류의 크고 작은 혁신적인 발견들을 계속 봐왔다. 이런 발견들의 상당수는 호기심 충족이 그 동력이었다. 보이지 않는 것을 보려 하고, 알지 못하는 것을 알려 하는 호기심 때문에 과학자들은 부단한 실험을 지금도 계속하고 있다. 인류가 존재하는 한 이런 혁신은 계속 일어날 것이다. 그러므로 그 끝을 우리는 알 수 없다.

---

**지혜의 발견 08**

오르지 못할 나무는 없다. 호기심을 가지고, 의심도 하며 찬찬히 살펴보면 가능성을 발견할 것이다. 우리는 이미 불가능을 가능으로 바꿀 능력을 갖추고 있기 때문에!

---

주석

\* PLoS One

\*\* Journal of Neuroscience

# 09 정서통제 방식의 변환
## ―공자 앞에서도 문자는 써야 한다

'공자 앞에서 문자 쓴다'는 말이 있다.

비슷한 의미로 '번데기 앞에서 주름잡기'도 있다. 어떤 사실에 대해 지식이 부족한 사람이 자기보다 유식한 사람 앞에서 아는 체함을 이르는 말이다. 일상생활에서 이 속담이 사용되는 경우를 보면, 공자 입장의 사람이 아는 체하는 이에게 면박을 줄 때보다는 문자 쓰는 입장의 사람이 자신을 낮출 때 더 많이 사용한다. 그래서 "공자 앞에서 문자를 쓰는 것 같아 죄송하지만……." 하는 식으로 말을 시작한다. 그런 면에서 이 속담은 한국식 겸손의 표현이다.

### 겸손의 미덕

서양사람들의 세미나에 참석해보면 공자 앞에서 문자 쓰는 사람들이 정말 많다. 대가를 모시고 하는 토론 시간에서도 누가 대가인지 알 수 없을 정도로 서로 자신의 주장을 활발하게 개진한다. 대가의 역할은 대개 토론 중에 나왔던 많은 의견을 마지막에 정리하는 정도다. 우리의 세미나는 좀 다르다. 대가들이 주로 이야기하고 참석자들은 경청하는 분위기다. 참석자들은 공자 앞에서 문자를 쓰게 되어 죄송하다는 말로 시작하는데, 이러한 겸손의 말조차 과하다고 느끼는지 아예 문자 쓰기를 꺼린다. 이런 경청의 태도는 지나친 수동적 행동 방식이라고 볼 수 있지만, 좋게 해석해서 행동적 겸손 표현이라 볼 수도 있다.

사실 필자는 겸손이 한국인의 최대 미덕이라고 감히 말하고 싶다. 겸손은 자신보다 뛰어난 자들이 있음을 인정하는 것이다. 누가 자신보다 뛰어난지 불확실하니 일단 자신을 낮추어 생각하여 말하는 것이 곧 겸손이다. 겸손하면 자신이 모르는 게 너무 많다고 생각하고, 아는 내용도 잘못된 것일 수 있다고 생각하며, 그래서 다양한 관점을 수용하게 한다. 하지만 알고 보면 겸손한 자가 곧 지혜로운 자다. 지혜는 지식과 다르다. 무지와 불확실성을 인정하고 다양한 관점으로부터 한계 해결의 방법을 찾는 도덕적 자질이 곧 지혜이기 때문이다. 겸손과 지혜 사이의 공통성을 고려할 때, 지혜에 가장 빨리 접근할 수 있는 이가 겸손한 자일 수밖에 없다. 겸손은 다른 사람의 지혜를 구하도록 이끌어 자신을 지혜롭게 만든다.

서양에 진출한 한국인들은 대개 서양인으로부터 과묵한 사람이라는 말을 곧잘 듣는다. 말수가 원래 적어서라기보다는 공자 앞에서 문자 쓰기를 꺼리는 겸손 때문에 그런 평가를 받는다. 그렇지만 한국인들은 진짜의 능력을 발휘해야 할 때를 안다. 결정적 한 방이 있다. 말이 없는 사람은 모르는 사람으로 간주되는 서양인들의 문화에서 말이 없던 사람이 갑자기 한 방을 치고 나오니 경이로운 사람으로 찬사를 받게 된다. 요즘 세계 도처에서 한국인들이 경제적 문화적으로 활발하게 영역을 넓혀가고 있는데, 이는 겸손하지만 알고 보면 능력자인 한국인의 저력을 보여주는 결과라 하겠다.

이 저력의 근원은 무엇일까? 필자의 주관적 견해일 수 있지만 한국인 특유의 성취근성이 그 근원이 아닐까 한다. 당장은 공자가 아니어서 문자를 못쓰지만 언젠가는 공자가 되겠다는 열망! 자신을 낮춤으로써 자타의 기대 수준을 낮춰두지만 언젠가는 비상하여 본모습을 보여주겠다는 의지! 과도하다 싶은 한국인들의 교육열의 원동력도 이런 열망과 의지에 바탕을 둔 성취근성일 수 있다.

겸손한 자를 찾아보기 힘들어서인지 서양인들은 우리보다 오히려 겸손의 긍정성에 관심이 많으며, 그래서 서양인들은 겸손의 여러 가지 측면에 관해 연구를 많이 진행하고 있다. 예를 들면, 스포츠팀의 코치가 겸손할수록 선수들과 감정 기반의 신뢰 관계가 형성되어 선수의 발전 및 팀 분위기에 긍정적 영향을 준다는 연구 발표가 있었다. 다른 분야의 팀워크 관련 연구들도 겸손한 리더가 이끄는 팀원들에서 긍정적 영향이 있음을 보고했다. 이런 연구들의 영향인지 서양인들 사이에는 겸손을 유능한 리더의 덕목으로 간주하는 경향도 있다.


### 겸손의 뒷심은 배짱

우리 한국인의 뿌리 깊은 행동 양식인 겸손이 긍정적 요소를 많이 갖고 있지만 겸손이 겸손으로 끝나버리면 아무런 성취도 이루어지지 않을 수 있다. 성취를 위해 때에 따라서는 대범함이 필요할 수 있다. 공자는 유일무이한 성현이다. 누구나 공부를 열심히 한다고 공자처럼 될 수는 없다. 공자의 반의 반쯤 가는 석학조차 되기가 그리 쉽지 않다. 그러니 공자 앞에서 문자 쓰기를 한없이 피하다가는 공자 되기가 요원하다. 호랑이를 잡으려면 호랑이 굴에 들어가야 한다. 마찬가지로 공자처럼 되려면 공자 앞에서 문자를 쓸 수 있어야 한다. 그러려면 겸손 대신에 배짱이 필요하다.

배짱은 약한 자가 강한 자에게 배 째라며 대드는 용기다. 대드는 대범함이 가능하도록 배 속의 간이 커서 배짱이기도 하다. 얼짱과 몸짱이 외모의 뛰어남이라면, 배짱은 내면의 뛰어남이다. 그래서 배짱은 우리의 뇌에도 그 표상이 있다. 실례로 이스라엘 와이즈만 과학원 연구진이 국제학술지**에 발표한 배짱의 뇌 기전 실험 결과가 있다.[16] 이 실험에서 연구진은 사람들에게 뱀을 머리 가까이에 접근시키는 대담성 시험을 하면서 뇌 MRI를 촬영했다. 그 결과, 두려움에 맞서겠다는 배짱을 부릴 때는 두려울수록 정서통제 중추(무릎아래 전두피질)의 활성은 증가하고, 공포정서 중추(편도체)의 활성은 오히려 감소했다. 그러나 그런 배짱을 부리지 않고 피하려 할 때는 이러한 변화가 나타나지 않았다. 이 결과는 두렵지만 배짱을 부려보겠다는 태세 전환의 바탕에 뇌의 정서통제 방식 변환이 자리하고 있음을 보여준다.

배짱을 부리되 두려움 자체가 없다면 똥배짱이 된다. 그래서 배짱과 똥배짱의 차이는 자신의 행동에 대한 두려움 인식의 정도에서 드러난다. 이에 대한 재미있는 뇌과학적 실험을 미국 스토니브룩대학교 연구진이 실행하여 2014년에 국제학술지**에 발표한 바 있다.[17] 그들은 스카이다이빙을 마친 스카이다이버들의 불안 수준과 위협 자극 인식력을 측정한 후, 혐오적인 소음을 예측하는 신호를 보내면서 MRI를 촬영하였다. 그 결과, 전두엽과 변연계 협력체계의 흥분-억제 균형 조절 기능이 약한 사람들일수록 스카이다이빙에 대한 불안 반응과 위협 자극 인식력이 약한 것으로 나타났다. 이를 통해 우리는 두렵지만 극복해내는 용감함과 두려움 자체가 없는 무모함 사이에 뇌 기반의 위험 인식 수준에 차이가 있음을 알 수 있다.

필자는 30년 가까이 교수 생활을 해오면서 제자가 청출어람을 느끼게 할 때 가장 보람되었던 것 같다. 청출어람의 어원은 제자들이 자신을 능가하기를 바랐던 순자의 가르침인 '푸른색은 쪽풀에서 나왔지만 쪽풀보다 더 푸르다'에서 유래했다. 후대에 공번이라는 스승이 이밀이라는 제자가 자신을 능가하자, 역으로 공번은 이밀의 제자가 되기를 청했다. 공번의 용기를 높이 산 그의 친구들이 청출어람이라고 칭찬했다고 한다. 청출어람의 제자들을 두면 스승도 많이 배우고 발전하게 된다. 따지고 보면 필자가 교수 생활 30년간 학문적으로 계속 발전할 수 있었던 것도 모두 청출어람의 제자들 덕분이다. 사실 그들이 필자의 스승이었다.

돌이켜보면 청출어람의 제자들은 겸손하되 배짱도 있었다. 랩미팅 토론 시간에 조심스러우면서도 분명하게 본인의 의사를 표현하면서 필자가 미처 모르던 사실을 깨우쳐주었다. 그들이 계속 겸손하기만 했다면 필자가 그들에게 배울 게 없었을 것이다. 물론 제자들의 일부는 똥배짱만 부려서 필자를 힘들게 하기도 했다. 배짱인지 똥배짱인지 그들은 몰랐겠지만 필자 또한 굳이 구분하지 않으려 했다. 어차피 그들 모두 필자를 필요로 했고, 필자 또한 그들이 필요했다. 소중한 인연이란 늘 그렇다. 공자 앞에서 문자 쓰던 제자들 덕분에 필자가 학문적으로 발전할 수 있었으니 그들이 얼마나 고마운지 모른다. 그들 중 많은 수가 지금은 다른 이들의 스승이 되어 있다. 필자가 그랬듯, 그들 또한 청출어람의 제자들을 배출하고 있으리라 믿는다.

**지혜의 발견 09**

공자 앞에서도 문자는 써야 한다. 겸손한 자가 곧 지혜로운 자이지만, 겸손한 자에게도 때로 배짱이 필요하다. 배짱이 있어야 잠재력이 실력으로 비상한다. 물론 그 배짱이 똥배짱이 아닌지 돌아볼 일이다.

주석

∗ Neuron

∗∗ Neuroimage

# 10 발산적 사고와 수렴적 사고

## —숭늉은 부엌에 가야만 있을까

'우물가에서 숭늉 찾는다'는 속담이 있는데, 이는 일의 순서와 이치를 모르고 조급하게 서두르지 말라는 뜻이다.

숭늉을 마시려면 몇 단계의 과정을 거쳐야 한다. 첫째, 우물에서 물을 긷는다. 둘째, 부엌에서 그 물로 쌀을 씻고, 솥에 물과 쌀을 넣어 밥을 짓는다. 셋째, 밥을 퍼내고 남은 누룽지에 다시 물을 부어 끓인다. 그러니 첫 단계인 우물가에서 맹물은 마실 수 있으나, 숭늉은 마실 수 없다. 혹시나 누구라도 우물가에서 물을 긷는 아낙네에게 "숭늉 한 사발 얻어먹읍시다"라는 청을 하면, "귀신 씨나락 까먹는 소리 하고 있네"라는 면박을 당하게 될 것이다. 순서와 이치를 합하면 순리가 된다. 그러니 속담은 우리에게 성급함을 내려

놓고 순리대로 살라고 말한다.


## 엉뚱한 의문으로 숭늉을 구하다

그런데 숭늉은 정말 부엌에서만 구할 수 있는 물인가? 엉뚱한 의문이다. 지나치게 순서와 이치에 얽매이면 창의적 사고에 이르지 못할 수 있다. 당연한 것으로 여겨졌던 이치에서 벗어난 엉뚱한 생각이 창의적 사고로 발전하는 경우가 많다. 맹물을 퍼내는 우물에서 숭늉을 찾으면 어리석은 일이다. 하지만 숭늉을 퍼낼 수 있는 우물을 만들면 이야기는 달라진다. 땅을 파서 숭늉 제조기를 집어넣고, 그 위에 우물 모양의 돌을 쌓아 완성한 다음, 우물에서 숭늉이 나온다고 홍보한다. 대박 숭늉이 될지 모를 일이다.

도저히 불가능한 일을 누가 굳이 하려 할 때 '산 위에서 물고기를 구한다'고 한다. 그러나 산 위에 연못을 만들어 물고기를 키운다면 못 구하리란 법도 없다. 우리가 요즘 일상생활에서 자연스레 접하고 있는 물건 대부분이 그렇다. 처음 개발되어 나오기 전에는 보통 사람들이 생각하지 못했던 것들이다. 그러나 창의적인 사고로 무장한 개발자의 기발한 아이디어가 현실화된 것을 사람들이 많이 사용하면서 대중화한 것이다.

## 창의성의 두 가지 사고 유형

필자의 연구실에서는 지난 20년 동안 MRI를 이용한 뇌 기능의 원리 탐구와 가상현실을 이용한 치료기술 개발을 진행해왔다. 최근의 연구결과 중의 일부는 이 책의 곳곳에서 해당 주제에 맞게 소개되어 있다. 연구 과정은 연구계획, 실험진행, 결과정리 등 세 단계로 요약될 수 있다. 실험진행은 비교적 단순 작업인 데 비해, 연구계획과 결과정리는 그렇지 않다. 미로에서 빠져나와, 모래사장에서 바늘을 찾아, 천에 수를 놓듯 복잡한 일이다. 이런 복잡함을 너무 쉽게 처리해버리면 뻔한 실험에 뻔한 결론만 얻을 뿐이다. 뻔하지 않으려면 필요한 게 바로 창의성이다.

창의성은 보통 두 가지의 사고 유형으로 구분된다. 자유로운 생각 과정을 통해 독특한 아이디어를 추출하는 '발산적 사고(divergent thinking)'와 문제에 대해 잘 정립된 최선의 해답을 도출하는 '수렴적 사고(convergent thinking)'가 그것이다. 창의성 수준은 검사로 평가할 수 있다. 예를 들어, 발산적 사고는 "신발의 용도 중에 발에 신는 거 말고 다른 뭐가 있겠는가?"같은 대체용도의 나열하기로 평가할 수 있고, 수렴적 사고는 "세 단어(예: 잠, 콩, 쓰레기)와 연관이 되는 단어 하나를 제시해보시오"같은 연상단어 찾기로 평가할 수 있다.

연구계획 과정에서는 최대한의 발산적 사고가 필요하다. 유연한 생각을 통해 많은 아이디어와 새로운 가능성을 찾아내야만 한다. 번뜩이는 아이디어가 없으면 독창적인 연구가 될 수 없다. 독창적이려면 당연함에 대한 의문이 필요하다. 뉴턴은 나무에서 떨어지는 사과를 보고 남들이 하는 뻔한 생각을 한 게 아니었기에 만유인력의 법칙을 발견했다. 연구계획 과정에서는 흔히 브레인스토밍을 위한 모임이 있다. 연구 참여자들이 당연함에 대해 도전하는 창의적 아이디어를 제시하고 나누는 시간이다.

창의성을 끌어내려는 시간을 뇌 폭풍이라 표현한 용어사용 자체도 상당히 창의적이다. 우리 속담 중에도 표현 자체가 매우 창의적인 것들이 있다. '번갯불에 콩 볶아 먹는다'는 말을 살펴보자. 한국인의 '빨리빨리' 문화를 경고하는 듯

한데, 콩 볶기에는 번갯불 사용이 어차피 불가능한 일이기는 하나, 그만큼의 성급함을 비유하는 것이니 창의성이 번득이는 표현이라 하겠다. 브레인스토밍 시간에 번갯불이 번쩍일 정도의 충격적 아이디어가 나타난다면 대박은 예약된 것이다. 시작이 성공이면 이미 절반은 성공이다.

연구의 결과정리 과정에서는 질 좋은 수렴적 사고가 필요하다. 추상적인 개념에 집중하여 지식과 정보를 총동원해 특정한 문제에 대한 단일한 해결책을 찾아야 한다. 구슬이 서 말이라도 꿰어야 보배다. 실험 결과는 구슬 서 말과도 같다. 실험 결과를 받아들면 방대한 데이터들이 쌓이게 되는데, 그들 사이에 무슨 법칙이 있는지 매우 모호하다. 수많은 구슬이 마구 흩어져 있는 모습과 같다. 어찌 꿰어야 할지

막막하다. 잘 꿰면 패물이 될 수 있지만, 잘못 꿰면 폐물이
될 수도 있다.

　창의성은 우리 뇌의 정보처리 과정과 깊은 연관이 있다.
특히 뇌 앞쪽에서는 전두엽, 뇌 뒤쪽에서는 측두엽과 두정
엽의 경계 부위가 기능적으로 중요하다. 이스라엘 하이파
대학교 연구진은 이를 실증한 연구결과를 2011년 국제학
술지*에 발표한 바 있다.[18] 연구진은 뇌에 병변이 있는 환자
들을 대상으로 발산적 사고를 평가한 대체용도 나열하기
검사를 실행하여 검사 점수와 뇌 병변의 위치 관계를 조사
했다. 그 결과, 자기 관련 정보처리의 중추(안쪽 전두피질)에 병
변이 있는 경우 점수가 낮았던 데 비해, 마음 이해의 중추(측
두-두정 접합부)에 병변이 있는 경우에는 점수가 높았다. 이 결
과는 자기 내부를 향한 정보처리 능력을 상실하면 창의적
사고력이 떨어지고, 마음 이해 같은 외부의 사회적 자극을
처리하는 능력을 상실하면 오히려 창의적 사고력이 향상됨
을 의미한다.

　이러한 결과는 정상 성인을 대상으로 한 연구에서도 확
인되었는데, 오스트리아 그라츠대학교 연구진이 2014년

국제학술지**에 발표한 연구 결과다.[19] 연구진은 피험자들이 대체용도 나열하기 과제를 수행하는 동안 MRI를 촬영했다. 분석 결과 발산적 사고가 전두피질의 활성을 증가시키고, 측두-두정 접합부의 활성은 감소시키는 것을 확인했다. 두 연구에서 공통으로 확인된 사실은 창의성은 전두엽 활성을 통해 자기 내부에 숨긴 정보를 충분히 활용하는 것으로 발현되고, 측두-두정 접합부(마음 이해의 중추) 활성을 통해 사회적 상황에 신경 쓸 때는 위축된다는 것이다. 가끔 사회성이 부족한 사람이 창의적 사고와 행동을 보이는 경우를 보는데, 이러한 뇌의 원리가 작동하기 때문일 수 있다.

### 창의성은 위기를 기회로 만든다

창의성은 사실 우리 일상의 문제이기도 하다. 위기를 기회로 만들 역발상도 발산적 사고를 기반으로 한다. 역발상의 예로 흔히 인용되는 이야기 중에 '아오모리 합격사과'가 있다. 일본의 아오모리 지방은 사과 산지로 유명하다. 1991년 태풍에 과수농가 대부분이 심각한 낙과 피해를 보았다. 다른 농민들이 떨어진 사과를 보면서 한탄의 시간을 보내고 있을 때, 한 농민은 떨어지지 않은 사과를 보고 역발상을 했다. 얼마 남지 않은 사과가 떨어지지 않는 것에 착안하여 '합격사과'라 이름 붙여 수험생 부모들에게 비싸게 팔았다. 그 합격사과가 대박이 나서 낙과 피해가 없었던 예년보다 오히려 매출이 늘었다. 이 예에서 보듯이, 발산적 사고는 우리의 일상에서 위기의 순간에 유연하고 적응적인 행동을 가능하게 한다.

소 잃고 외양간 고칠 수 있다. 하지만, 그런 대처는 손해를 온전히 받아들인 것이다. 현상유지 이상의 성과를 기대하기 어렵다. 소 잃은 김에 외양간 부수고, 마구간을 세워 말을 키울 수 있다. 쪽박이 될 수도 있지만, 대박이 날 수도 있다. 결정이 너무 모험적이어서 소를 잃었을 때나 할 수 있는 시도다. 위기가 기회인 이유도 그렇다. 결국, 우리 뇌에 장착된 창의성의 기능은 인간 번영의 핵심이라 할 수 있다. 새롭고 유용한 아이디어, 문제 해결과 통찰력을 생성하는 창의적 성과는 인간의 생존과 번영을 이끌어왔다.

우물에서도 숭늉을 구할 수 있다. 위기의 순간, 엉뚱한 의심을 품고 폭
풍처럼 휘몰아치는 나의 내부에 집중해보자. 통찰력을 장착한 창의성
이 샘솟지 않겠는가.

주석

＊ Neuropsychologia

＊＊ Neuroimage

# 11   익숙한 사고의 프레임
### —구관은 구관일 뿐이다

'경로의존성(path dependence)'이라는 말이 있다. 과거 하나의 선택이 관성 때문에 쉽게 달라지지 않는 현상을 일컬어서 이렇게 부른다. 우리 사회를 움직이는 거대한 흐름 안에도 이 경로의존성이 녹아들어 있다. 대표적인 것이 전통, 관습, 관례 등이다. 일상생활에서 당연시하는 의식과 행동이 바로 경로의존성의 표현인 것이다. 불합리한 어떤 것도 일단 익숙해지면 불편함을 잘 모르게 된다. 합리적인 새로운 것이 등장해도 익숙해지기 전까지는 불편하기 마련이므로 옛것을 대치하기 이전에 배척되기에 십상이다.

필자는 90년대에 잠시 미국에 살았다. 한국 땅에 비해 100배나 큰 땅의 미국이지만 우리 집의 주소는 아주 간단했다. 도로명 주소를 쓰기 때문이었다. 그 당시 한국 집의 시·구·동 이름, 번지수, 아파트 이름, 동·호수까지 아주 긴 주소와 너무나 대비되었다. 물론 한국에 살던 시절에는 그런 주소 사용이 불편한지 몰랐다. 미국의 도로명 주소에 익숙해진 이후에야 비로소 한국의 지번 주소 사용의 불편함을 알게 되었다. 우리나라도 주소 체계가 변화되어 2014년부터 전면적으로 도로명 주소가 사용되고 있다. 이제 우리 집의 공식적 주소에는 아파트 이름이 없다. 도로명과 동·호수만 있다. 그런데도 받는 우편물에는 아직도 아파트명이 주소에 적혀 배달되는 경우가 많다. 굳이 쓰지 않아도 되는데 말이다. 주소 사용에도 경로의존성이 작용하고 있는 것이다.

'구관이 명관이다'는 속담이 있다.

나중 사람을 겪어 봄으로써 먼저 사람이 좋은 줄 알게 된다는 말로, 무슨 일이든 경험이 많거나 익숙한 이가 더 잘하는 법임을 비유한다. 우리 일상에서는 사람, 물건, 기술, 행동, 습관 등에서 새로움에 따른 불편보다 옛것의 익숙함에 의존할 때 이 말을 사용하는데, 비슷한 서양 속담이 있다. "Better the devil you know than the devil you don't", 모르는 악마보다 아는 악마가 낫다는 말로, 모호함보다는 익숙함이 낫다는 의미다. 이 두 속담 모두 결국 경로의존성의 표현이다.

최근 이 속담이 글자 그대로 논문 제목에 들어 있는 뇌 기능 연구결과가 발표되었다. 홍콩침례교대학교 연구진이 2021년 국제학술지*에 발표한 분석 논문인데,[20] 연구자들은 손실 가능성이 있지만 위험도를 아는 익숙한 상황과 손실 가능성을 알 수 없는 모호한 상황에서 의사결정을 할 때, 뇌가 어떻게 다른 활성을 보이는지 조사했다. 그 결과, 익숙한 상황에서는 쾌감보상회로(측위핵 포함)의 활성이 일어난 데 비해, 모호한 상황에서는 집행 통제의 중추(바깥쪽 전두피질)와 계산 중추(두정엽)의 활성이 강하게 일어났다. 일상생활에서 익숙한 물건을 다룰 때 쉽게 만족했던 것에 비해, 새로운 물건을 다루면서 머리가 복잡해졌던 경험을 상상해 보자. 그때 자신의 뇌 상태가 논문이 말하는 뇌의 상황이었다고 유추하면 된다.

그런데, 익숙함의 편리함 때문에 옛것을 너무 고집하다 보면 기존의 틀에서 벗어나지 못해서 경직된 삶에 안주할 가능성이 커진다. 소위 '사고의 프레임'에 갇혀 버릴 수 있는 것이다. '네오포비아(neophobia)'라는 말이 있다. 새로운 것, 미지의 것에 대해 병적으로 혐오하거나 두려워하는 상태를 이르는 말이다. 구관이 탐관오리였어도 나중에 명관이라 할 것인가? 복지부동하던 구관은 어떤가? 신관은 명관이 될 수 없는 것인가? 굳이 왜 옛것을 고집하나? 물 들어올 때 노 젓고, 엎어진 김에 쉬어가고, 떡 본 김에 제사도 지내면 좋지 않을까?

## 마음의 청춘도 사고의 프레임이다

세월의 흐름을 느낄 때마다 우리는 마음은 아직 청춘인데 몸만 늙어가고 있다고 생각한다. 그런데 정말 마음의 청춘을 유지하고 있을까? 사람들에게 마음의 청춘은 젊은 시절의 사고와 감정이 아직도 유지되고 있다는 것을 의미한다. 그런데 40~50대가 되도록 10~20대의 사고와 감정이 그대로라면, 옛것을 새것으로 업데이트하지 못하고 고수하는 것이니, 젊음의 유지가 아니라 늙음의 상징이 되는 것이다.

한때 유행하던 말로 '낄끼빠빠'가 있다. 나이 든 사람은 낄 데는 끼고, 빠질 때는 빠지라는 말이다. 나이 든 사람이 젊은이들 틈에 끼어 대화하다 보면 아무래도 주도권을 갖게 되는데, 그 주제가 주로 옛날이야기다. 요즘 화제가 되는 이야기가 무엇이든 '라떼는 말이야'가 된다. 썰렁해진 분위기를 본인만 모를 수 있게 된다. 그래서 낄끼빠빠해야만 분위기를 제대로 파악한 것이다. 그러나 마음이 젊은 나이 든 사람은 어느 자리에서도 빠지지 않고 젊은이들과 흥미진진한 대화를 이어갈 수 있다. 요즘 이야기에 옛날이야기가 조미료 정도로만 녹아 들어갈 수 있다면 말이다.

### 젊음은 뇌의 끊임없는 변화
젊음은 변화 없음이 아니라 끊임없는 변화에 있다. 30대부터 70대로 차근차근 올라가며 맞이할 수밖에 없는 시대의 변화에 적응해서 같이 변화하는 것이 젊음의 유지이지,

20대의 느낌을 그대로 유지함이 젊음은 아니다. 그래서 젊음은 다시 말해 '갱신(renewal)'이다. 20대에 받은 면허증을 60대까지 한 번도 갱신하지 하고 넘어갔다면, 그 면허는 이미 옛날 지식만을 고집한 고루한 것일 뿐이다. 그래서 어떤 면허증이든 재교육을 받고 갱신을 하게 되어 있고, 그리 해야 같은 면허를 받은 젊은이와 동급 혹은 그 이상의 전문성을 갖추었다고 할 수 있다.

우리 뇌에는 몸은 늙어도 마음의 젊음은 유지할 수 있는 장치가 있다. 바로 '신경가소성(neuroplasticity)'이다. 인간의 뇌를 구성하는 신경세포는 사멸하면 재생이 되지 않는다. 그러나 생존하는 신경세포들은 수많은 수상돌기를 통해 서로를 연결하는 체계를 갖추고 있는데, 이들은 환경변화에 적응하여 연결체계를 변화시키는 대응을 한다. 이렇게 신경세포가 재조직되면서 뇌가 스스로 신경회로를 변화시키는 능력을 일컬어 신경가소성이라 한다. 우리가 새로운 지식을 기억하고 학습할 수 있는 것은 그 내용이 신경회로의 변화라는 형태로 뇌에 저장되기 때문이다. 신경가소성은 학습이 왕성한 어린 시절에 최대치를 보이지만, 성년기나 노년기에도 여전히 일정한 수준을 유지한다.

### 인지와 정서를 다루는 신경가소성 효과

노년기 뇌의 신경가소성을 실증한 연구들은 많다. 텍사스대학교 연구진이 2015년 국제학술지**에 발표한 연구를 살펴보자.[21] 연구자들은 노인들을 대상으로 12주 동안 추리과제를 이용한 인지훈련을 시행한 후 MRI를 통해 뇌의 변화를 측정했다. 그 결과 인지기능의 핵심영역인 디폴트 신경망과 중앙 집행 신경망에서 혈류가 증가하고 상호연결성이 향상되었다. 이는 노년기에도 인지훈련을 통해 신경가소성을 작동시키면 신경세포 소실에 따른 인지기능의 감퇴를 만회할 수 있는 변화를 지속할 수 있다는 것을 의미한다.

이런 신경가소성 효과는 인지기능에 국한되는 것이 아니다. 우리의 감정에도 작용한다. 실험적으로 공감훈련이나 연민훈련을 진행한 후, 뇌 기능의 변화를 측정한 연구들에서도 정서를 담당하는 신경회로가 상응하는 변화를 가져온 결과들이 발표되고 있다. 결국, 우리 마음의 기초가 되는 인지와 정서도 모두 신경회로 변화의 원리를 통해 끊임없이 변화할 수 있다는 것을 보여주는 것이다.

몸과 마음의 지배는 모두 우리의 뇌에서 하나의 프로세스로 일어난다. 몸이 늙어가면 마음도 늙어간다. 몸의 노화를 어쩔 수 없어 마음의 노화라도 늦추려면 계속된 갱신이 필요하다. 최근에는 기술 발달의 속도가 엄청나다. 옛날 기술로도 불편 없이 살고 있으니, 굳이 새로운 기술을 습득할 필요가 없다고 느끼는 분들이 있다. 이는 스스로 젊게 살기를 거부하는 것이다. 젊게 살기 위한 행동에 아낌이 없어야 젊은이와 교류가 원활해진다. 본인은 불편이 없다고 하나 신기술을 등한시하여 다른 사람들을 불편하게 만들 수도 있다. 늙어버린 마음으로 민폐를 주면서도 정작 본인은 구관이 명관이라면서 으쓱할 수 있는 것이다.

구관이 명관이라 억지 부릴 일만이 아니다. 마음의 젊음은 과거에 대한 회상을 고수하는 것이 아니라 끊임없이 뇌를 변화시키는 일이다. 그때가 아니라 지금이 답이다.

주석

∗ Neuroimage

∗∗ Cerebral Cortex

## 12 인지왜곡 현상
### —박힌 돌, 굴러온 돌, 누가 피해자일까

'굴러온 돌이 박힌 돌 **뺀다**'는 속담이 있다.

밖에서 들어온 사람이 안에 터를 잡고 있던 사람을 내쫓는 상황을 일컫는 말이다. 회사의 한 부서에 영입된 외부인이 얼마 안 되어 부서장이 된다면 외부인은 굴러온 돌이고, 기존의 부서장은 박힌 돌이다. 자리의 주인으로서 자리 고수를 원하는데 잃게 된 상황이니, 박힌 돌은 굴러온 돌의 피해자가 된 것이다. 이런 상황은 새로 생긴 시설이 이미 자리를 잡고 있던 시설을 밀어내는 경우에서도 비슷하다. 호젓한 숲속의 장애인 시설이 주변의 도시화로 아파트에 둘러싸인 시설로 바뀌어 이전을 요구받는 경우가 있다. 시대의 변화가 낳은 상황으로, 아파트의 주민과 시설의 장애인 모두 본의 아니게 가해자와 피해자가 되어 버린 경우다.

인지왜곡 현상

속담의 원뜻과 전혀 맞지 않지만, 같은 말로 다른 해석이 가능하다. 박혀 있어 꼼짝달싹 못 하던 돌에게 굴러온 돌은 새로운 출발을 가능하게 해준 은인일 수 있다. 의무와 책임 때문에 부서를 떠날 수 없었던 부서장이 외부인 등장 덕분에 본인의 관심 부서로 옮기게 된 경우다. 굴러온 돌을 진취적인 자, 박힌 돌을 현실에 안주하는 자로 비유해도 전혀 다른 해석이 된다. 도전적, 혁신적 변화에 능숙한 외부인의 합류로 시대 변화를 읽지 못한 채 자리만 지키던 사람들에게 깨우침을 제공하여 조직의 역동성이 살아나게 하는 경우다.

'같은 말이라도 아 다르고 어 다르다'는 속담이 있다. 보고 아는 것도 마찬가지다. 세상의 이치는 우리가 보고 생각하는 하나의 관점에 고정되어 있지 않다. 보기 나름이다. 그림의 루빈 꽃병처럼 흰색에 집중하는가, 검은색에 집중하는가에 따라 머릿속에 서로 다른 이미지를 떠올리게 된다.

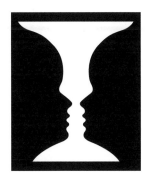

　이런 현상은 프레이밍(framing) 효과와 연관될 수 있다. 이 효과는 일종의 인지왜곡으로서, 동일한 사안이라도 제시 방법이라는 틀 혹은 프레임에 따라 그에 관한 해석이나 의사결정이 달라지는 현상을 일컫는다.

### 편향적 선택에 따른 프레이밍 효과

　프레이밍 효과에 대한 이론은 두 명의 심리학자 트버스키와 카니먼이 1981년 사이언스지에 발표한 논문에서 유래했다.[22] 이 논문에 실린 실험 중에 사람들의 선택 성향에 대한 다음과 같은 예시가 있다. 600명이 죽을병에 걸렸다. 치료A를 하면 200명이 산다. 치료B를 하면 1/3은 살고, 2/3

는 죽는다. 어느 쪽 치료를 하겠는가? 사람들은 대부분 치료A를 선택했다. 치료C를 하면 400명이 죽는다. 치료D를 하면 2/3는 죽고, 1/3은 산다. 어떤 치료를 하겠는가? 사람들은 대부분 치료D를 선택했다. 숫자를 자세히 보면 알겠지만, 사실 네 가지 치료 모두 결과는 똑같다. 표현만 달리했을 뿐이다. 치료A와 치료B의 비교는 '긍정적 프레임의 방법'을 제시한 것이고, 이때 사람들은 확률적 이득보다는 확실한 이득을 선호했다. 치료C와 치료D의 비교는 '부정적 프레임의 방법'을 제시한 것으로, 사람들은 확실한 손실보다 확률적 손실을 선호했다. 이런 편향적 선택의 경향은 '산다/죽는다' 대신에 돈을 '번다/잃는다'로 바꾸어 질문해도 똑같이 나타났다.

실험에서 사람들의 반응 방식을 정리하면, 똑같은 상황이라도 사람들에게 잠재적 이득의 긍정적 생각을 심어주면 위험회피형 선택을, 잠재적 손실의 부정적 생각을 심어주면 위험추구형 선택을 하는 쪽으로 편향된다. 지금은 고인이 된 삼성전자의 이건희 회장은 "나를 키운 건 8할이 위기의식이다"라는 말을 한 적이 있다. 실제로 그는 틈만 나면 "우리는 할 수 있다"는 자신감 표현보다는 "이대로 가면 큰 일이다"는 식의 위기의식을 표현했다. 이는 프레이밍 효과라는 측면에서 보면, 직원들에게 부정적 상황인식의 틀을 심어줌으로써 더욱 도전적인 위험추구형 선택을 하도록 이끈 것이다. 그런 이건희 식 프레임이 삼성전자를 글로벌기업으로 성장시킨 동력이 되었을지 모를 일이다.

다른 심리현상들처럼 프레이밍 효과도 우리의 뇌에 주요 기능으로 세팅되어 있다. 런던대학교 연구진은 2010년 국제학술지*에 발표한 연구를 통해 이를 실증한 바 있다.[23] 연구진에 따르면, 피험자들에게 예상된 이득과 손실로 구성된 인지과제를 수행하게 하니, 위험회피와 위험추구의 결정이 조건화되어 학습되는 현상이 나타났다. 또 이를 실행하는 동안 뇌 기능을 측정해보니, 조건화 학습의 중추인 편도체의 활성이 관찰되었다. 이 결과는 사람들이 경제적 선택을 할 때, 서로 다른 목표지향적 의사결정 신경회로와 조건화된 연합이 일어나도록 프레이밍 효과가 나타남을 시사한다. 쉽게 말해 이득 대 손실, 어느 쪽에 초점을 두는가에 따라 다른 방식의 조건화된 학습이 일어나고, 이는 우리가 위험회피 혹은 위험추구의 서로 다른 결정을 하도록 뇌의 해당 신경회로를 자극한다는 것이다.

프레이밍 효과는 대인관계의 사회적 상황에서도 위험회피 혹은 위험추구의 방향 결정에 영향을 준다. 치료법의 선택이나 투자 여부의 선택이 자신의 이득과 손해에만 초점을 맞춘 비교적 단순한 판단이다. 이에 비해, 다른 사람을 도와줄지 여부 같은 사회적 결정은 자신의 이득과 손해에 더하여 타인에게 미칠 영향과 공정성, 이타성, 호혜성 같은 사회적 규범까지 고려되는 복잡한 판단이다. 그러므로 이런 사회적 결정에서 사회적 프레이밍 효과는 우리의 뇌에서 조건화 학습의 중추와 의사결정의 신경회로에 더하여 다른 복잡한 사회기능의 신경회로들이 관여할 것으로 예상해볼 수 있다.

### 사회적 프레이밍 효과

중국 심천대학교 연구진은 2020년 국제학술지**에 이러한 사회적 프레이밍 효과와 관련된 뇌과학 연구의 결과를 발표한 바 있다.[24] 뇌 기능 측정 동안 피험자들이 실행해야 하는 과제에는 경제적 이득 및 손해의 상황과 더불어 다른 사람에 대한 가해 혹은 지원의 프레임이 포함되었다. 그 결과, 프레이밍 효과의 원리와 일치하게 피험자들은 지원

프레임에 비해 가해 프레임에서 더 타인을 도우려는 친사회적 결정을 내렸다. 또 이런 결정을 하는 동안 마음 이해의 중추인 측두-두정 접합부의 활성 증가가 관찰되었다. 이 연구의 결과를 통해 유추해볼 수 있는 사실은 곤경에 처한 사람들을 돕도록 사람들의 마음을 움직이려 할 때, 타인의 마음을 이해하는 사회적 뇌 중추를 자극하는 편이 더 효과적일 것이라는 점이다. 실험 결과대로라면, 곤경에 처한 사람들이 지원을 통해 받을 이득보다 그들이 얼마나 피해 받고 있는가를 강조하는 편이 좋다는 말이 된다.

다시 굴러온 돌과 박힌 돌의 이야기로 돌아가 보자. 굴러온 돌은 생존을 위해 발버둥치는, 그래서 진취적으로 뭐라도 하려는 자인 반면, 박힌 돌은 현실 환경에서 안정적으로 자리를 잡은 자가 된다. 밖에서 들어온 사람이 안에서 터를 잡고 있던 사람을 내쫓는다는 속담의 해석은 프레이밍 효과에 따라 생존을 위해 굴러온 돌의 진취성보다 자리에서 내몰린 박힌 돌의 피해자 측면이 사람들의 마음을 더 강하게 움직인 결과다. 그래서 사람들이 일상생활에서 이 속담을 인용하는 경우는 대개 억울한 상황에 이르렀을 때다.

그러나 프레이밍 효과를 다른 측면에서 다시 생각해볼

필요가 있다. 박힌 돌의 입장에서 굴러온 돌이 자신을 빼낼 수 있다는 위기의식을 강하게 느낀다면 부정성에 압도되어 위험추구형의 도전적 행동을 자극할 것이고, 이는 자신이 더욱더 강하게 박히도록 자신을 채찍질할 수 있다. 반대로 박힌 돌이 위기의식 없이 현실 안주에 빠진다면 굴러온 돌의 가해를 피할 방법은 없게 된다.

---

**지혜의 발견 12**

박힌 돌이든 굴러온 돌이든 인식하기 나름이다. 나의 관점에 따라 발전할 것인가 안주할 것인가를 가름하여 다른 미래의 모습을 보여줄 수 있을 것이다.

---

주석

\* Neuroimage

\*\* Journal of Neuroscience

# 13 편승효과
## —친구 따라 강남 가야 할까

'친구 따라 강남 간다'는 속담은 친구가 좋아서 함께 할 때를 이르거나, 남이 하니 별 생각 없이 혹은 억지로 따라 할 때를 이르기도 한다.

철새인 제비들이 가을에 하나 둘 남쪽으로 떠나는 모습에 속담의 기원이 있다. 이 속담의 의미와 관련된 사회현상으로 '밴드왜건(band wagon) 효과'가 있다. 우리말로는 '편승효과'다. 서양에는 축제 때 행진을 벌이는 풍습이 많은데, 행진 맨 앞의 마차를 밴드왜건이라 한다. 밴드왜건을 선두로 한 행렬이 나타나면 사람들은 그 행렬에 끼어 따라가면서 축제를 즐긴다.

그래서 밴드왜건 효과는 별 생각 없이 남의 행동을 따라 하는 현상을 일컫는다. 일종의 군중심리 현상으로 모방소비와 충동구매가 대표적이다. 유행에 따른 상품 구입도 대세에 편승하는 것이고, 기존 구매자들의 상품평이나 별점을 참고한 구매도 다수의 의견에 편승하는 셈이니 이 모두 밴드왜건 효과로 설명된다. 무슨 영화를 볼지 결정할 때 자기 취향에 따라 소신껏 선택할 수도 있지만, 이미 영화를 본 사람들이 가장 많이 추천하는 영화를 선택하기도 한다. 대박을 친 영화들의 대부분은 요란한 선전보다는 재미있더라는 입소문에 힘입은 바 크다.

편승효과의 힘은 개인과 집단의 관계에서 잘 드러난다. 서양에 비해 우리나라는 집단의 단합을 강조하는 조직문화를 갖고 있다. 그래서 회식도 자주 하는 편이다. 회식은 응집력 강화와 소속감 고취에 매우 효과적이다. 집단에 소속되면 집단과 개인의 결정이 서로 달라 갈등에 빠지는 상황을 종종 경험한다. 집단의 요구에 맞추어 자신의 결정을 제어하는 사회적 행동들이 원활하게 이루어져야 집단의 응집력이 강해진다. 결국, 집단의 단합은 편승효과 강화의 결과다.

  의사결정을 할 때, 집단에 편승하는 경우와 편승하지 않는 경우의 뇌 상태를 조사한 연구가 최근에 발표된 바 있다. 모스크바 국립연구대학교 경제고등대학원 연구진은 2021년 국제학술지*에 타인에 대한 신뢰성 평가와 관련된 뇌과학 논문을 발표했다.[25] 이 연구에서 피험자들은 타인의 얼굴 사진을 보고 얼마나 믿을 만한지 평가하고, 자신의 평가를 동료집단의 평가와 비교할 수 있었다. 처음의 평가와 비교에서, 자신의 평가와 동료집단의 평가가 일치하지 않으면 강화 학습의 중추(뒤쪽 대상피질)가 활성화되는 것이 관찰되었다. 이어서 다시 피험자들에게 타인의 신뢰성을 평가하게 하였더니, 앞에 학습한 동료집단의 평가와 불일치했던 경우에는 계산의 중추(두정엽) 활성이 강하게 나타나다가 이어서 사회적 가치 평가 중추(아래안쪽 전두피질)의 활성이 뒤따랐다. 이러한 결과는 동료집단의 의견과 일치하지 않으면 집단에 편승하려는 사회적 영향의 효과가 시차를 두고 나타난다는 것을 보여준다.

필자의 연구실에서도 두 가지 의미를 내포하는 단어를 이용해 편승효과를 실험적으로 연구한 적이 있다. 한 예로, 피험자들에게 '말'이라는 단어를 보여준 후, 이어서 '언어' 와 '동물'을 보여주고 둘 중 하나를 선택하게 했다. 이때 세 가지의 다른 조건을 제시했다. 첫째는 자기 혼자 알아서 결정하는 경우, 둘째는 모르는 사람들의 선택 결과를 참고하는 경우, 셋째는 피험자 소속집단의 선택 결과를 참고하는 경우였다. 그 결과, 어떤 선택을 하던 셋째 조건에서 결정의 반응시간이 현저히 짧았다. 자기 소속집단의 의견에 편승할 때, 결정이 쉽고 빠르다는 의미가 된다.

그렇지만 집단에 편승한 결정이 항상 좋은 결과로 이어지는 것은 아니다. 부정적 결과에 다 같이 망연자실할 수도 있다. 편승의 부작용 원리를 보여주는 간단한 지각 실험이 있다. 한 무리의 사람들에게 차례로 애매한 길이의 선들을 제시하고 길고 짧음을 판단하게 하면 결정이 쉽지 않아 앞 사람의 답을 따라 하는 경향이다. 앞사람이 맞는 답을 하면 그 무리의 정답률이 높아지지만, 틀린 답을 하면 정답률이 다 같이 낮아진다. 그래도 정답을 알 수 없다면 집단에 편승하는 편이 나을 수 있다. 틀려도 같이 틀릴 것이니 잘못된 결정에 대한 부담감이 적다. 그 결정이 잘못된 것일지라도 본인이 책임질 일은 별로 없게 된다.

우리는 민주화 시대에 살면서 선거 때마다 투표에 참여하고 있다. 하지만 우리 같은 일반인은 출마자가 정말 어떤 사람인지 제대로 알 길이 없다. 옥석이 분명하지 않으면 단순히 대세에 따라 선택하는 경우가 흔하다. 맹목적인 편승들이 모여 최다수가 되면 누군가의 당선으로 이어진다. 불행히도 그 당선인이 탐욕에 찬 사람이라면 언젠가는 본색을 드러낼 수도 있다. 우리는 매일 뉴스를 통해 정치인들의 말과 행동을 보고 듣는데, 일상이 되어버린 한탄과 분노는 불행하게도 선거 때 우리가 잘못 선택한 편승의 결과가 부메랑이 되어 부정적으로 돌아온 것이다.

### 편승효과와 책임의 문제

그렇다면 친구 따라 강남에 가지 않고 그냥 머무르면 어떤 결과가 올까? 제비는 따뜻한 곳에 사는 철새이니 가을에 강남으로 떠나지 않으면 추운 겨울에 생존하기 어렵다. 대세를 거스르면 생존의 위험으로 이어지는 것이다. 사람들의 삶에도 이러한 이치가 작용한다. 집단에 편승하지 않고 자기 소신을 주장하게 되면 결과에 대한 부담이 커질 수밖에 없다. 잘못되면 책임을 뒤집어쓸 수 있고, 잘되어도 공이 돌아온다는 보장은 없다.

그렇다고 무작정 편승만 하는 것이 지혜로운 삶이라 할수는 없다. 추위는 피해야 하니 남쪽으로 떠나기는 하는데, 그곳이 모두가 가는 강남이어야 하나? 따뜻하기만 하면 다른 곳도 괜찮지 않을까? 대세만 좇으면 큰 손해를 입지는 않을지언정 대박은 불가능하다. 사업적 성공이 특히 그렇다. 변화의 흐름을 예견하여 현재의 대세와 다르게 움직일 때 대박이 가능하다. 대세는 변한다. 유행도 변한다. 사람들의 생각도 변한다. 역사 속으로 사라진 많은 것들이 과거에는 대세였다. 현재의 대세도 언젠가는 역사 속으로 사라질 것이다. 미래에는 새로운 대세가 나타난다. 물론 대세에 관한 잘못된 예견이 쪽박의 결과로 이어질 수 있음은 감수해야 한다.

흔히 지도자는 외롭다고 한다. 편승의 문제는 집단 구성원뿐 아니라, 집단의 지도자에게도 문제가 된다. 지도자는 대체로 집단 구성원 다수의 뜻을 참작해 편승하는 식의 결정을 하지만, 때로는 그에 반한 결정을 해야 할 상황도 생긴다. 어느 쪽이건 지도자의 의사결정은 집단에 영향을 주고, 그래서 지도자는 결과에 책임을 져야 한다. 이 주제에 관한 대표적인 뇌과학 논문이 2017년에 유명 과학학술지인 사이언스에 게재되었다.[26] 이 연구에서 스위스 취리히대학교 연구진은 피험자들이 위험한 선택 혹은 안전한 선택에서 결정하거나 미결정으로 위임하는 과제를 수행하는 동안 MRI를 촬영했다. 여기서, 그 의사결정의 결과는 자신 개인에 국한되거나 집단에 영향을 미칠 수도 있는 것들이었다. 분석 결과, 피험자 대부분은 집단에 영향을 미치는 조건에서 책임 회피의 경향을 나타냈다. 그러나 리더십 점수가 높을수록 이러한 상황에서의 책임 회피 경향이 적어, 지도자기질이 있을수록 선택에 대한 책임감이 강하게 나타났다.

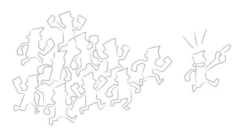

이러한 뇌 기능에 대한 연구 결과에 따르면, 집단적 영향의 조건에서 마음 이해의 중추(측두-두정 접합부)와 돌출정보 처리의 중추(섬엽) 사이의 연계 활성이 핵심적인 역할을 하는 것으로 밝혀졌다. 또한 이와 같은 결과는 집단에 영향을 주는 어려운 결정이 상당한 심리적 비용을 부담하게 하는 돌출정보 처리의 인지 활동임을 시사한다. 외로운 결정의 상황에 내몰려 어쩔 수 없는 선택을 하고, 그 결과를 책임져야 하는 것이 지도자의 숙명이다. 지도자의 외로운 선택이 대의를 위한 소신의 결과였다면 집단에게는 행운이 되겠지만, 소신으로 포장된 편협과 욕망에 찬 고집불통의 결과였다면 집단에 재앙이 아닐 수 없다.

**지혜의 발견 13**

친구 따라 강남으로 갈지 남을지, 강남이 아닌 곳으로 갈지, 이 모두는 각자의 선택일 뿐이다. 우리의 뇌가 부디 올바른 선택의 길로 인도하길, 그리고 나는 최선을 다해 책임지길!

주석

* Scientific Reports

# 14  집단 두뇌와 혁신
## ─가지 많은 나무에는 열매도 많다

'가지 많은 나무에 바람 잘 날 없다'는 속담이 있다.

나무에 가지가 많으면 바람에 잘 흔들려 잠시도 가만히 있지 못한다. 자식을 많이 둔 어버이도 마찬가지다. 근심과 걱정의 바람이 끊일 날이 없다.

필자의 아버지는 8남매, 어머니는 7남매, 필자는 5남매였으니, 조부모님과 부모님들 모두 바람 잘 날 없는 세월을 보내셨다. 아들만 둘을 둔 필자도 바람 잘 날이 없다는 한탄을 가끔 하곤 했다. 요즘 세대는 가지도 없으면서 줄기에 붙은 잎의 흔들림만으로도 바람 잘 날 없다고 느낀다. 격세지감의 세월이 아닐 수 없다.

바람 잘 날 없게 가지가 많다는 것은 나무가 그만큼 왕성하게 성장하고 있음을 의미한다. 그런 나무가 싱싱한 열매도 많이 맺는다. 속담에서와 달리, 필자는 왕성하게 성장하고 있는 인간사회를 나무에 비유하여 혁신에 대해 논해보고자 한다.

인간사회는 사람과 사람의 관계로 이루어진다. 사람의 수가 늘어나면 서로의 관계도 늘어난다. 그 관계들을 선으로 연결하면 복잡한 네트워크가 형성된다. 연결의 가지가 왕성할수록 사회망은 더욱 복잡해진다. 이 사회망은 우리 두뇌의 신경세포들이 왕성한 가지로 서로 연결된 복잡한 신경망을 닮았다. 이 신경망의 열매가 우리의 정신이라면, 사회망의 열매는 혁신이다.

개인이 여럿 모이면 사회가 된다. 개인의 두뇌가 여럿 모이면 집단 두뇌가 형성된다. 사회는 문화를 만들어내고, 사회 구성원인 개인은 그 문화를 습득한다. 그래서 집단 두뇌는 곧 문화 두뇌이다. 인간사회의 문화를 지배하는 집단 두

뇌는 뚜렷한 방향성이 있다. 새로워지려는 것이 그것이다. 관습, 조직, 방법 따위를 바꾸어 새롭게 하는 것이 곧 혁신이다. 결국, 혁신은 집단 두뇌의 내부 사회망으로 연결된 필연적 결과물이다. 우리 인간의 문화적 학습 능력이 곧 혁신으로 이어지는 것이다. 이러한 혁신은 진화와 일맥상통한다. 생물이 다양한 교잡을 통해 자연에 적응하여 진화하듯이, 사회망은 아이디어의 융합을 통해 사회에 적응하며 혁신의 과정을 밟는다.

이런 관점에서 보면, 혁신은 천재 한 명의 기발함의 결과가 아니다. 에디슨이 혁신적 발명품들을 많이 만들어냈지만, 그 발명품들은 갑자기 쏟아진 것들이 아니다. 다른 사람들이 이미 만들어놓은 부품이나 기반 기술이 있었기에 가능했다. 게다가 시차를 두고 비슷한 발명품들이 다른 사람들에 의해 발명되었다. 우리가 모여 캠프파이어를 한다고 하자. 우리 누구든 혼자의 힘으로 불을 붙일 수 있다. 정글의 법칙이란 TV 프로그램에서 보여주었듯이, 나무의 마찰을 이용하면 된다. 가능은 하지만 힘이 들기는 하다. 라이터만 있으면 힘들이지 않고 불을 붙일 수 있다. 그 라이터는 누가 만들었을까? 우리 누구든 평생을 바친다 해도 혼자의 힘으로는 그 라이터를 만들 수 없다. 별거 아니게 보이는 작은 플라스틱과 적은 양의 가스조차 거대한 인간사회 산업 구조의 산물이기 때문이다. 한 개인이 평생을 들여서도 구현할 수 없는 누적된 문화의 진화 과정 혹은 누적된 혁신의 결과물이 바로 현재 우리가 소유하고 있는 기술, 바로 테크놀로지다.

### 집단 두뇌와 혁신의 관계

집단 두뇌와 혁신의 관계에 대해서는 2016년 런던왕립학회 학술지*에 게재된 하버드대학교 연구진의 논문에 자세히 정리된 바 있다.[27] 연구진의 이론에 따르면, 집단 두뇌 내에서 혁신의 속도는 사회성, 전달 충실도, 전달 다양성 등 세 가지 요인에 의해 영향을 받는다. 사회성은 사회망의 크기로서 얼마나 많은 아이디어에 노출될 수 있는가가 핵심이다. 전달 충실도는 사회망 내부의 사람들이 다른 사람들의 생각, 신념, 가치, 기술 등을 얼마나 충실히 학습할 수 있는가에 달렸다. 전달 다양성은 사회망 내부에 보편화된 기술을 학습할 때 기존 틀에서 벗어나 얼마나 다양한 추론을 할 수 있는가를 말한다. 집단 두뇌는 더 많은 아이디어, 더 나은 학습, 더 강한 이탈 의지를 통해 문화 두뇌를 더 똑똑하게 만들 수 있다.

집단 두뇌의 속성인 혁신은 새로운 아이디어를 도입하여 기존에 존재하지 않았던 새로운 가치를 더해 긍정적인 변화를 끌어내는 행동이다. 이 혁신이라는 말이 근래에는 경제 용어로 자리를 잡아 자원 획득, 생산 방법, 시장 개척, 조직 구성, 인력 개발, 서비스 개선 등에서 개혁적인 변화를 논할 때 보편적으로 사용되고 있다. 기업에서 혁신의 중요성이 얼마나 강조되던지 혁신의 영어단어인 이노베이션(innovation)이 대기업의 이름에 사용될 정도다. 기업에서 진정으로 혁신을 통해 성장을 이루려면 기업 전체를 아우르는 집단 두뇌 내부의 사회성, 전달 충실도, 전달 다양성 등

세 가지 요인의 활성화가 필요할 것이다. 사회망 내부의 가지가 왕성해서 이 세 가지 요인이 바람이 되어 나무가 고요한 날이 없을 때, 혁신은 자연히 이루어진다.


## 사회망의 크기와 혁신의 속도

앞에서 사회망의 크기가 혁신의 중요한 요소라고 하였다. 통신과 인터넷이 없던 과거의 사람들은 아주 작은 사회망 내부에서 살았다. 물리적으로 가까운 마을의 이웃과 걸어서 닿을 수 있는 거리의 일가친척이나 사회적 동료가 사회망의 전부였다. 이는 과거에 혁신의 속도가 더딜 수밖에 없었던 이유이기도 하다. 이에 비하면 현재의 사회망 크기는 상상을 초월한다. SNS와 인터넷을 통해 전 세계로 확장되어 있다. 그 엄청난 크기에 힘입어 현재의 혁신 속도는 잠시 한눈을 팔았다가는 코를 베어 가도 모를 정도다.

우리나라가 세계에 유래 없이 빠른 경제성장을 이룬 배경에는 대한민국이라는 거대한 집단 두뇌 내부의 사회망들이 강한 역동성으로 높은 속도의 혁신을 이루어냈기 때문일 수 있다. 한국 사람의 성격을 한마디로 표현하면 '빨리

빨리'라고 한다. 빨리빨리 문화는 부실한 결과라는 부작용을 낳는 역기능이 많기는 하지만, 혁신 의지를 강화시킨다는 점에서 순기능도 많다. '급할수록 돌아가라'는 속담이 있다. 그러나 빨리빨리의 입장에서 어느 세월에 돌아가겠는가. 결국 어떻게든 지름길을 찾아낸다. 찾아도 없으면 만들어낸다. 빨리빨리의 문화 두뇌는 더 많은 아이디어, 더 나은 학습, 더 강한 이탈 의지를 쏟아냄으로써 사회의 모든 부분에서 혁신의 속도가 높아질 수밖에 없었다.

## 정신건강의 치료적 혁신

뇌 신경세포들의 복잡한 신경망의 열매가 바로 우리의 정신이라고 하였다. 왕성히 뻗은 가지로 형성된 복잡한 신경망은 스트레스의 바람에 고요할 날이 없다. 그래서 우리 모두 스트레스를 받으면 정신의 피곤함을 느낀다. 과도한 스트레스는 뇌 신경망의 연결을 망가트려 정신질환을 일으키기도 한다. 사람들은 흔히 정신질환을 치료하는 길이 상담을 통해 스트레스를 해소하는 것으로 생각한다. 그러나 망가진 신경망은 그리 쉽게 본래의 상태로 돌아오지 않는다. 이것은 신경망에 작용하는 약물이 필요한 이유가 된다.

지난 수십 년의 혁신적인 신약 개발의 성과로 오늘날 아주 많은 약물이 정신질환 치료에 이용되고 있다.

정신질환 치료의 혁신은 신약 도입에만 있지 않다. 혁신의 결과로 도입된 수많은 새로운 기술과 도구들이 정신질환 치료에 적용되고 있다. 마그네틱치료, 경두개직류자극, 초음파치료, 가상현실치료 등이 그것이다. 가장 최근의 기술로는 디지털치료제가 있다. 디지털치료제란 우리가 사용하는 스마트폰 앱 형태로 질환의 치료, 관리, 예방에 도움을 주는 소프트웨어다.

필자의 연구실에서도 공황장애 환자들을 위한 디지털치료제를 개발하여 그 효과성을 2020년에 국제학술지**에 발표한 바 있다.[28] 한정적인 시공간의 병원 치료가 아니라 평상시 일상생활에서 치료적으로 항상 주의를 기울여야 할 때가 바로 디지털치료제의 적응증이다.

정신질환의 치료에서 지난 수십 년의 발전은 엄청나다. 그러나 치료율 면에서는 부족함이 많기에 도달해야 할 목표가 아직 너무 멀리 있다. 인간사회는 집단 두뇌, 문화 두뇌를 형성하고, 이는 혁신을 열매로 한다. 그러므로 인간사회가 지속하는 한 기술 혁신은 끊임없이 계속될 것이다. 기술 혁신의 계속은 혁신적인 정신질환 치료법의 중단 없는 도입으로 이어질 것이 자명하다.

---

**지혜의 발견 14**

가지 많은 나무는 바람 잘 날 없어도, 그 많은 가지는 서로 긴밀하게 연결되어 사회적 혁신을 이루어낸다. 사회 곳곳에서의 혁신이 우리를 역동적으로 이끌어 보다 나은 세상을 꿈꾸게 한다.

---

주석

* Philosophical Transactions of the Royal Society of London. Series B, Biological Sciences

** International Journal of Medical Informatics

# Part 3

# 평안으로 가는 길

## 15 반사적 회피
—하룻강아지도 범을 무서워한다

'하룻강아지 범 무서운 줄 모른다'는 속담이 있다. 여기서 하룻강아지는 한 살배기 강아지다. 강아지가 어려서 호랑이를 본 적이 없으니 실제로 만나도 무서운 줄 몰라 짖어대는 상황을 빗대었다. 약한 사람이 자기보다 훨씬 강한 상대에게 겁 없이 덤벼들 때 사용하는 말이다. 자기 능력으로 감당할 수 없는 일을 무작정 하려고 할 때도 비유적으로 이 말을 사용한다. 경험이 미천하고 세상 물정 모르면서 대박을 꿈꾸며 철없이 함부로 덤비다가는 실패의 구렁텅이에 빠지고 만다. 어떠한 결정과 행동이 무모와 만용이 아닌 진정한 용기가 되려면 나서야 할 때와 아닐 때를 제대로 가릴 필요가 있다.

그런데 속담처럼 정말 하룻강아지가 호랑이 무서운 줄 모를까? 필자는 수년 전 동물 주제의 TV프로그램에서 이에 대해 실험하는 장면을 본 기억이 있다. 이 영상은 지금도 조회가 많은 인기 동영상이다. 실험 대상은 속담처럼 딱 한 살짜리 반려견들이었고, 주인들은 한결같이 자기 강아지가 겁이 없다고 했다. 호랑이는 실제 크기의 모형이었지만 녹음된 울음소리를 들려주고 분비물을 칠해서 실제 호랑이 소리와 냄새가 나도록 했다. 결과가 참 흥미로웠다. 강아지들은 모두 가짜호랑이를 보고 겁에 질려 도망치기에 바빴다. 진돗개만 으르렁대며 덤벼들었다. 속담의 하룻강아지는 진돗개뿐이었다.

실험에는 없어서 진돗개가 실제 호랑이에게도 덤벼드는지는 알 수 없다. 실험으로 어찌됐든 확실해진 사실은 진돗개가 용맹하다는 것과 강아지 대부분에게 호랑이는 공포의 대상이라는 것이다. 속담과 달리 하룻강아지는 범을 무서워한다. 호랑이를 본 적도 없는데 왜 무서워할까? 그 이유는 유전자에 있다. 호랑이를 무서워하는 감정을 갖도록 하는 유전자를 애초에 갖고 태어났으니 그럴 수밖에 없다. 쥐가 고양이를 무서워하는 것과 똑같다. 포식자가 타고난 공포의 대상이어야 생존할 수 있다.

## 타고난 공포와 학습된 공포

사람에게도 타고난 공포가 있을까? 일설에 의하면 높은 데서 떨어지는 것과 큰 소음, 이 둘만이 타고난 공포라고 한다. 어린아이들이 떨어지는 꿈을 많이 꾸고, 천둥소리에 소스라치게 놀라는 모습을 보면 일면 이해가 간다. 그러나 이는 그야말로 설일 뿐이다. 뱀과 거미는 어떨까? 사람들은 대부분 이들을 무서워하고 혐오스러워한다. 물론 뱀을 몸에 두르고 싱글벙글 웃는 쇼맨과 거미를 일부러 키우는 사람들도 있으니 다 그런 것은 아니다. 그래서 이들이 인간에게 타고난 공포의 대상인지 아닌지 의문을 준다.

이에 대한 답은 스웨덴 웁살라대학교 연구진이 2017년 국제학술지*에 발표한 논문에 제시된 바 있다.[29] 연구진은 엄마 무릎에 앉은 생후 6개월 된 아기들에게 뱀, 거미, 물고기, 꽃 중의 하나가 그려진 카드를 무작위 순서로 보여주었다. 아기들의 동공이 뱀과 거미를 볼 때 크게 확대됐지만, 물고기와 꽃을 볼 때는 그렇지 않았다. 공포의 표정으로 눈이 커지는 현상에서 보듯, 동공이 커진다는 것은 무서워한다는 말이다. 그래서 실험의 결과는 뱀과 거미가 인간에게 타고난 공포의 대상임을 증명한다. 이들을 무서워하지 않는 사람은 성장하면서 학습을 통해 공포에서 벗어난 경우다.

학습은 타고난 공포를 제거하기도 하고, 없던 공포도 생겨나도록 한다. 한 살짜리가 어려서 아직 무서운 줄 모른다는 말은 곧 나이가 들고 경험이 쌓이면 무서운 것이 생겨난다는 말이다. 유전자에 심겨 있지 않아도 학습을 통해 뇌에 기억의 형태로 심어지는 것이다. 쥐에게 타고난 공포의 대상은 고양이뿐이나, 단순한 불빛을 무서워하도록 학습시킬 수도 있다. 철제 케이지에 가둬두고 발에 전기쇼크를 주어 놀라게 할 때마다 불빛을 비추어주면, 나중에는 불빛만 봐도 무서워서 놀란다. 불빛이 조건화가 된 것이다.

### 공포의 순기능과 역기능

공포는 원래 생존이라는 순기능을 갖고 있다. 포식자로

부터 도피하게 만들어 자신을 보호하는 역할을 하며, 뇌에서 '편도체'라 불리는 영역이 그 기능을 담당한다. 편도체를 제거한 쥐를 고양이와 같이 두면, 더는 고양이를 무서워하지 않아 잡혀 죽고 만다. 사람도 마찬가지다. 산길을 걷다가 뱀을 만나면 놀라서 움츠린다. 행동의 선후 관계를 보면 반사적 회피가 먼저고, 이어 가슴을 쓸어내린다. 즉, 공포 반응이 무의식적 반사 행동으로 표출되어 뱀에 물리지 않게 도와주는 것이다. 그래서 편도체의 기능인 공포는 생존에 필수적이다.

뇌 기능 실험을 해보면 사람들은 다른 사람의 공포 표정만 보아도 편도체의 활성이 관찰된다. 이심전심이 되는 것이다. 이심전심이 된 코로나바이러스의 공포도 우리 사회의 생존이라는 순기능을 갖고 있다. 코로나바이러스가 무섭기에 다 같이 조심하고, 사회적 거리두기에 협조하고, 그 결과 전염병의 확산을 막았다. 사람들이 얼마나 코로나바이러스를 무서워했던지 코로나 유행 이후에 편도체의 크기가 커졌다는 보도도 있었다. 최근 이스라엘 텔아비브대학교 연구진은 국제학술지**에 관련 연구를 발표했다.[30] 연구에 따르면 50명의 피험자를 대상으로 코로나바이러스 팬데믹 이전과 이후의 뇌 MRI를 비교한 결과, 편도체 크기가 4~5% 증가한 것을 발견했다고 한다.

한편, 공포는 일상생활을 위협하는 역기능을 초래하기도 한다. 공포는 불안한 마음, 신체적 떨림, 두근거림, 호흡곤란 등의 증상으로 사람들을 힘들게 만든다. 증상이 심해져서 일상생활에 지장을 초래할 정도면 공포증이라 진단한다. 사회공포, 무대공포, 광장공포, 고소공포, 폐소공포, 비행공포 등 수많은 종류가 있다. 이들의 공통적 특징은 아무렇지 않다가 특정한 대상이나 상황에 직면할 때만 증상이 나타난다는 것이다. 필자는 이런 공포증 중에 사회공포증 클리닉을 10년 이상 운영해오고 있다.

클리닉을 찾아온 환자 중에 50대 중반 P씨가 있었다. 그는 중학교 때 수업시간에 일어나서 발표하던 중 두근거림, 숨 가쁨, 목조임 등의 불편감을 겪은 후로 비슷한 상황이 되면 같은 증상을 겪어왔다. 사람들에게 자신의 긴장을 드러내지 않으려 노력했으나 목소리가 떨리는 것은 어쩔 수 없었다. 대학교 때도 발표 수업은 다 회피했고, 대기업 직장생활을 20년 넘게 하면서도 여러 명의 모임은 가급적 회피했다. 능력이 출중하고 열심히 일해 승진이 빨랐으나, 그럴수록 사람들 앞에 서야 하는 상황이 부담스러웠다. 어쩔 수 없이 발표한 후에는 탈진하기 일쑤였고, 자책하느라 며칠 잠을 설치기도 했다. 퇴직 후 교회를 열심히 다니게 되었는데, 교회에서도 사람들과의 만남이 너무 힘들게 느껴져서 클리닉을 방문하게 되었다.

### 학습된 공포는 벗어날 수 있다

P씨가 겪은 사회공포증은 학습된 공포의 하나다. 공포를 극복하려면 일단 회피행동에서 벗어나 공포의 대상에 직면하여 견뎌내는 훈련이 필요하다. 이를 '노출훈련'이라고 한다. 사회공포증에서 공포 대상은 사람들 앞에서 말을 해야

하는 상황인데, 치료적 환경에서 이런 상황을 구성하기는 쉽지 않다. 그래서 필자의 클리닉에서는 가상현실을 이용해서 작은 회의실부터 큰 강당까지 단계적으로 구성된 가상공간에 있는 가상 사람들 앞에서 노출훈련을 한다. 환자들은 과거의 고통 상황을 재현한 가상환경에 몰입하여 극도의 긴장감을 느끼지만, 점차 적응하면서 공포로부터 자유로워지는 경험을 하게 된다. 이에 더하여, 오랫동안 공포심을 회피했던 습관 때문에 고정된 자신에 대한 부정 편향과 인지왜곡을 교정하는 교육도 받는다.

P씨는 훈련을 거듭하면서 자신의 신체증상이 불안의 표현일 뿐이며 불안감도 스스로 조절할 수 있음을 깨달았고, 발표 능력도 점차 향상되었다. 10회기 훈련을 마친 후 그는 교회에서 자연스레 찬송하고, 여러 명 앞에서 기도할 수 있었으며, 소모임 대표가 되기까지 했다. P씨 사례에서 보듯, 사회공포증은 극복할 수 있다. 다른 공포증도 마찬가지다. 공포 형성이 학습될 수 있듯, 공포 제거도 학습될 수 있다.

하룻강아지도 범을 무서워할 줄 안다. 자신을 지키기 위한 타고난 공포심은 뇌의 영역이지만, 대부분의 사회적 공포심은 학습에 의한 것이다. 공포가 학습된 것이라면 공포탈출 또한 학습으로 자유롭게 될 수 있으리라.

주석

* Frontiers in Psychology

** Neuroimage

# 16    병적 불안의 근원
## —돌다리만 불안할까

'돌다리도 두들겨보고 건너라'는 속담이 있다.

이는 단단하고 무거운 돌로 된 다리라 튼튼해 보이더라도 안전을 확인한 후에 건너라는 말로, 잘 아는 확실한 일이라도 세심하게 확인하고 조심하라는 뜻이다. 징검다리를 건너다가 돌이 흔들려 중심을 잃은 경험을 한 사람이라면 속담의 의미가 바로 다가올 것이다. 쉽게 생각했다가 일을 그르치거나, 작은 방심이 큰 사고로 이어질 수 있다. 속담은 우리에게 성공과 안전을 위해 매사에 심사숙고하고 신중하게 행동할 것을 강조한다.

돌로 된 다리야 흔들거릴 수 있으니 두들겨봐서 안전한지 확인할 필요가 있다지만, 콘크리트 다리를 건널 때도 매번 안전한지 확인해야 할 필요가 있을까? 혹자에게는 이 질문 자체가 억지스럽고 어리석은 것처럼 들릴 수 있다. 하지만, 실제로 콘크리트 다리의 안전 여부에 대해 걱정하는 분들이 간혹 있다. '자라 보고 놀란 가슴 솥뚜껑 보고 놀란다'는 속담이 있다. 어떤 상황에서 심한 공포를 경험하면, 조금이라도 비슷한 상황에 부닥칠 때 불안을 경험한다는 말이다. 같은 이치로, 돌다리를 건너다가 물에 빠져 놀란 경험을 한 사람이라면 어떤 다리이든 물을 건널 때마다 불안해할 수 있다. 콘크리트 다리가 어떻게 돌다리와 비슷하다고 말할지 모르나, 물에 빠질 것을 걱정하는 사람들에게는 당연히 그럴 수 있다. 이미 성수대교 붕괴로 많은 사람이 죽었던 사건 있었기에 콘크리트 다리가 무너질 수도 있다는 걱정이 전혀 근거 없는 것도 아니다. 실제로 공황장애 환자 중 상당수가 큰 다리를 건널 때마다 불안해하는 증상을 갖고 있다.

공황장애는 죽음의 공포에 이를 정도의 극심한 불안 경

험을 특징으로 하는 불안장애의 일종이다. 이밖에도 사회
불안장애, 범불안장애, 분리불안장애, 각종 공포증 등의 다
른 불안장애가 있다. 강박장애도 예전에는 불안장애로 분
류되었다. 불안장애는 사회적으로 활발하게 활동하는 시기
에 발병하며, 치료를 받지 않으면 60~70%에서 만성화된
다. 불안장애의 평생 유병률은 30% 이상으로 정신장애 중
가장 높은 수준이다. 게다가 우리나라 건강보험심사평가원
의 자료에 따르면 불안장애 진료 환자 수가 매년 꾸준하게
늘고 있다.

　병적인 불안은 인간사회에 항상 존재해왔다. 그러나 21
세기 들어서 현격히 증가했음은 분명한 사실이다. 현대인
은 왜 더 불안해하는가의 이유를 한 가지로 설명하기는 어
려우며, 학자들은 정치적, 사회적, 경제적, 환경적 요소들이
복합적으로 작용해서 그렇다고 설명한다. 이에 대해 필자
는 뇌과학의 관점에서 좀 다른 견해를 갖고 있다. 현대사회
가 과거 시절보다 훨씬 더 시각화된 특성이 있기에 병적 불
안이 사람들에게 일반화되었을 수 있다. 이에 대해 계속 설
명하겠지만, 통계적으로 확실하게 증명된 이야기는 아니어
서 단지 필자의 견해일 뿐임은 분명히 해두고 싶다.

## 공포는 청각체험보다 시각체험에 민감하다

솥뚜껑을 보고 놀라고, 콘크리트 다리를 건널 때 불안해하는 것은 분명히 병적이다. 그런 병적 불안을 가진 사람들은 그 이전에 자라를 보고 놀랐거나, 돌다리가 흔들려 물에 빠진 실제적 경험을 한 적이 있다. 그런 경험들이 일상생활에서 그리 흔한 일은 아니다. 그러기에 우리의 조상님들에게 병적 불안을 조장할만한 사전 경험의 횟수는 그리 많았을 리 없었다. 그러나 현대는 어떠한가? 우리는 매일 TV 뉴스를 통해 전 세계에서 일어나는 각종 사고의 모습을 눈으로 보고 있다. 내가 직접 경험하지 않아도 간접 경험을 일상에서 반복하고 있는 것이다. 이제 TV 뉴스만이 아니다. 스마트폰과 유튜브의 대중화에 따라 눈으로 보는 간접 경험이 실시간으로 일상화되어 있다.

과거 시절의 사람들도 공포의 사건에 대한 간접 경험이 없지는 않았을 것이다. 그러나 그것은 요즘처럼 보는 체험이 아니라 들은 소문이었다. 본 것과 들은 것은 우리 뇌에서 현격한 영향력의 차이를 나타낸다. 2014년 뉴멕시코대학교의 연구진은 이에 대한 실험 결과를 국제학술지*에 발표한 바 있다.[31] 연구진은 피험자들에게 좌우 어느 한쪽 귀에 부저 소리를 들은 후 좌우 시야 어느 한쪽에 X 표시가 보이는 청각큐/시각표적 과제와 반대 순서의 시각큐/청각표적 과제를 제시한 후, 표적의 방향을 판단하게 했다. 여기서 큐와 표적은 같은 쪽이거나 다른 쪽인 경우가 반반이었는데, 큐의 반대 방향에 표적이 나타나 방향 판단에 더 많은 주의가 필요한 조건에서 뇌의 전두엽-두정엽 주의집중 신경회로의 활성이 측정되었다.

실험 결과, 주의집중 신경회로의 강한 활성이 시각큐/청각표적 과제에서는 관찰되었는데, 청각큐/시각표적 과제에서는 관찰되지 않았다. 이 결과는 우리의 뇌가 시각큐에 대해서는 믿음을 갖고 정보처리를 실행하는 반면에, 청각큐

에 대해서는 그렇지 않음을 나타낸다. 다시 말해, 우리의 뇌는 들어서 알게 된 정보보다 봐서 알게 된 정보에 훨씬 더 믿음을 갖고 주의를 기울인다는 것이다. 이런 뇌의 원리를 고려해보면, 우리는 현대의 시각화 사회에서 화면으로 접하는 공포 체험의 반복이 소문으로만 들은 과거의 공포 체험보다 뇌에 얼마나 더 막대한 부담을 주는지, 그래서 병적 불안으로 발전될 가능성이 얼마나 커지는지 유추해볼 수 있다.


반복된 부정적 시각체험은 불안을 심화시킨다

작년 코로나19 팬데믹 초창기에 대구에서 환자들이 급증할 때, 극심한 공황장애 증상 때문에 입원치료를 받았던 주부가 있었다. 문제의 발단은 자신이 코로나에 걸려 고3인 자식에게 옮겨 입시에 지장을 줄지 모른다는 걱정이었다. 당시 서울에는 환자가 거의 없던 시절이니 그 정도로 걱정할 상황은 아니었으나, 모성이 지극했던 그 주부에게는 코로나 뉴스가 공황을 유발할 정도로 충분히 자극적이었다. 감정에 압도되면 이성적 판단이 흐려진다. "뉴스를 너무 많이 봤나 봐요." 회복 후 주부가 남긴 말이다. 대구에서 환자가 급증하니 뉴스가 종일 방송되었고, 이를 종일 시청한 주부는 눈으로 보는 간접 체험을 쉼 없이 반복했으니 병적 불안이 일어나도록 뇌에 상당한 부담을 주었던 것이다.

작년에 코로나 팬데믹 와중에 국회의원 선거가 있었다. 당시 한 노인께서 진료실에 찾아와 우리나라 정치 상황에 대해 걱정의 말씀을 하면서 불안 증상이 너무 심하다고 호소했다. 그분의 일상이 종일 뉴스를 시청하는 것이었기에, 증상 악화를 막기 위해 뉴스는 하루에 한 번만 보시도록 권고했다. 다음 진료 때에도 그분은 심한 불안이 여전했으며, 세상이 다 미쳐 돌아간다며 걱정의 말씀을 쏟아냈다. 그분에게 아직도 뉴스를 종일 보시는지 질문했다. "아뇨. 교수님 말씀에 따라 하루에 한 번만 봐요. 대신에 할 일이 없어서 유튜브를 종일 보고 있어요." 노인의 일상은 뉴스 대신에 각종 의혹을 보도하는 유튜브 채널 시청으로 바뀌었던 것이다. 그 다음 진료 때 방문한 노인은 불안이 훨씬 경감된 상태였다. "이제 뉴스든 유튜브든 잠깐만 보고 말아요. 어차피 똑같은 이야기잖아요."

과도한 공포에 빠지지 않으려면 시각적인 반복 자극을

피해야 한다. 그래서 종일 뉴스를 시청하는 것은 좋지 않다. 뉴스는 속성상 긍정적 내용보다는 부정적 내용으로 가득 차게 마련이다. 부정적인 내용들은 영향력이 강력해 한 번의 자극으로 뇌에 충분히 각인된다. 그런 자극을 반복시키면 뇌에 과부하가 될 수밖에 없다. 그 과부하가 바로 병적 불안이다.

---

**지혜의 발견 16**

돌다리만 불안한 게 아니다. 어떤 다리든 불안에 대한 체험이 문제다. 불안에 시달린 내 뇌를 쉬게 하자. 눈을 감고 상념에 잠길 게 아니라, 신선한 공기와 힘찬 발걸음으로 시선을 바꿔 몸을 움직이는 것이 최선이다.

---

주석

* Human Brain Mapping

# 17 근심 걱정의 반추
## ─비 오는 동안 쑥쑥 자라는 잡초

'비 온 뒤 땅이 굳는다'는 속담은 비 온 뒤에 물이 마를 때 주위의 흙 입자를 끌어당겨 땅을 단단하게 만들 듯이, 시련을 겪고 나면 더 강해진다는 의미다.

시련은 성취의 실패, 사람과의 갈등, 환경적 난관 등 다양한 형태로 사람을 괴롭힌다. 어떤 시련이든 이를 극복하는 과정에서 쌓은 자신만의 비법은 밑천이 되어, 훗날 웬만한 시련에도 끄떡없을 수 있다.

그런데 비가 그치고 나면 땅이 굳는 건 알겠는데, 비 오는 시련의 시간에는 어찌해야 하나? 시련은 걱정과 근심에 차 있는 시간이다. 소가 되새김질하듯이 같은 생각을 넣었다 뺐다 하게 되니, 걱정과 근심은 곧 반추다. 반추를 지속하여 생각의 굴레에 빠진 뇌에서는 에너지만 끝없이 소모된다. 그런 에너지 소모의 끝은 탈진 상태의 신경쇠약이다. 사실 시련 한가운데의 사람에게 비 온 뒤 땅이 굳을 것이라는 말은 그다지 위로가 되지 않는다. 언제 끝날지 모를 현재의 시련이 너무 힘들기 때문이다.

## 생각 반추의 끝은 불안이다

걱정은 미래를 향한 것이다. 뭘 해야 할지, 뭘 할 수 있는지, 뭔가 잘못된 일이 일어나지 않을지, 앞일에 대해 생각하지만 결론은 없다. 없는 결론을 어떻게든 얻기 위해 다시 생각하지만, 역시 결론은 없다. 결과적으로 끊임없이 생각의 쳇바퀴에서 벗어나지 못한다. 걱정은 위험을 예측하고 방지하기 위한 우리의 심리적 기능으로, 생존을 위해 꼭 필요하기는 하다. 걱정이 없어 보이는 천하태평의 사람도 필요한 상황에서는 걱정에 빠지게 된다. 문제는 쉽게 과도해지는 것이다. 걱정이 많은 사람들이 걱정하는 내용의 절대다수는 일어나지 않을 일들이다. 그들의 걱정 중에는 하늘이 무너질 것에 대한 염려와 동급의 것들도 많다. 과도한 걱정의 결과는 불안이다. 그렇게 걱정이 많은데 불안하지 않을 도리가 없다.

근심은 과거를 향한 것이다. 이미 벌어진 일에 대한 후회와 자책, 그리고 원망이 주를 이룬다. 후회와 자책은 용서되지 않는 자신에 대한 자체 처벌이다. 원망은 용서되지 않는 잘못의 원인 제공자에 대한 마음속 처벌이다. 용서되지 않는 자기 자신이나 누군가에 대해 응징의 감정이 따르지만, 마음속에서만 일어나는 응징이 제대로 된 처벌일 리 없다. 벌어진 일이 어떻게든 수습되기 전에는 그런 처벌로 자신이든 남이든 용서의 관대함에 이르지 못한다. 그래서 근심에 싸이면 같은 생각을 반추하게 된다. 반추는 특성상 시간을 오래 끈다. 밤낮 없는 근심에 몸과 마음은 무거워진다. 결국, 과도한 근심의 결과는 우울이다.

### 긍정정서의 자리를 차지한 걱정과 근심

우리 뇌의 평상시 상태는 긍정 방향의 정서적 착각이 작용해 근자감과 긍정왜곡이 지배적이다(제1장 참고). 그래서 우리의 평상심은 은근한 안녕감과 만족감으로 채워진다. 그러나 걱정과 근심에 빠지면 이런 긍정정서는 어디론가 자취를 감춘다. 걱정과 근심에 점령된 뇌의 상황은 '악화가 양화를 구축한다'는 명언을 떠올리게 한다. 영국의 경제학자 토머스 그레샴(1519~1579)의 경제이론에서 나온 말로, 좋은 돈(양화)은 나쁜 돈(악화)에 의해 시장에서 내쫓기기 때문에 같이 유통되기 어렵다는 뜻이다. 돈이 지금처럼 종이가 아니라 금속이던 시절의 이야기다. 한때, 금으로 만든 돈(양화)과 구리로 만든 돈(악화)이 똑같은 액면 가치로 쓰였다. 그랬더니 사람들은 귀한 금으로 만든 양화는 집에 보관하고, 싸구려 구리인 악화는 밖에서 쓰면서 결국 시장에는 구리돈만 유통되었다. 저급인 걱정과 근심의 악화가 고급인 긍정 정서의 양화를 뇌의 평상시 상태라는 시장에서 몰아낸 것이다.

뇌과학 연구에 의하면 평상시 뇌의 핵심적 정보처리의 센터는 자기 관련의 정보처리 중추(디폴트 신경망)와 정서통제 중추(무릎아래 전두피질)다. 이 둘이 뇌의 평상시 상태라는 시장에서 지배적 역할을 한다. 이 둘이 지배하는 시장에 긍정정서의 양화가 유통되고 있을 때, 우리는 안녕감과 만족감의 상태를 유지한다. 그러나 우울증 상태가 되면 달라진다. 미국 털사대학교 연구진이 이전에 보고된 우울증 환자를 대상으로 한 뇌 기능 연구결과들을 메타분석해 2015년에 국제학술지*에 게재했다.[32] 이에 따르면, 우울증 상태인 뇌의 핵심병리는 이 두 중추 간의 기능연결성 증가였다. 걱정과 근심을 많이 반추할수록 둘 간의 기능연결성도 강해졌다고 한다. 끊임없는 반추는 부정적 자기 관련 정보의 처리와 부정방향의 정서통제가 상호작용하는 악순환의 고리를 형성시키고, 그에 따라 두 중추 간의 기능연결성을 증가시키는 것이다. 여기서 내쫓긴 긍정정서는 어디로 사라진 것일까? 양화가 집에 쌓이듯 어딘가에 쌓이게 될 텐데, 뇌에서 그 장소는 기억의 중추인 해마다. 그래서 기억의 저편에 숨어 있게 되고, 악화가 시중에서 사라져야 비로소 돌아오게 된다.

## 근심 걱정의 잡초가 자랄 공간을 줄여라

이런 끊임없는 반추를 멈추게 할 방법은 무엇일까? 걱정과 근심은 잡초 같은 습성이 있어서 없애기 쉽지 않고, 없앤 듯해도 바로 살아난다. 그러니 다른 풀을 심는 작업을 해서 잡초가 살 공간을 줄일 필요가 있다. 이 작업이 바로 운동이다. 신체를 활발하게 움직여 에너지를 소모해야 뇌에서 생각의 굴레로 인한 에너지 소모를 분산시킬 수 있다. 될 수 있으면 긴 시간의 운동이 필요하니 걷기가 제격이다. 그런데 미국 스탠퍼드대학교 연구진이 2015년 미국 국립과학아카데미 학술지에 발표한 연구결과에 의하면,[33] 이런 걷기를 시내에서 하는 것은 별로 효과가 없다. 자연의 공간에서 걸어야 한다. 실험 결과가 이 점을 확인해주었다. 자연환경에서 90분 동안 걷는 것은 걱정과 근심의 반추를 줄여주고, 정서통제 중추(무릎아래 전두피질)의 신경활동을 감소시켰다. 그러나 도시 환경에서 90분 동안 걷는 것은 그런 효과를 나타내지 않았다. 도시가 아닌 자연의 경험이 정신적 웰빙을 향상시킬 수 있는 것이다.

걱정과 근심의 반추에 빠진 사람들에게 밤은 어떨까? 필자의 진료실을 찾은 환자 중에 첫 아이 출산 후 생긴 불면증의 치료를 위해 찾아온 33세 여자 L씨가 있었다. 내원한 날은 출산한 지 두 달쯤 되었을 때였는데, 산후조리원을 나와 집에 돌아온 이후 육아에 대한 걱정이 많아지면서 불안해졌고, 내원 전 열흘간 한숨도 못 잤다고 했다. 진료 중에 토로한 근심 내용은 육아뿐 아니라 여러 개인사에서 후회스러운 일에 대한 자책이 많았다. 아기를 볼 때는 너무 좋은데, 자려고 누우면 정신이 맑아지면서 걱정과 근심이 가득해진다고 했다.

열흘이나 밤을 지새운 환자가 원한 것은 수면제 처방이었다. 필자는 수면제 처방 대신에 몇 가지 잠을 잘 수 있도록 돕는 행동원칙에 대해 말해주고, 만일 일주일 후에도 여전히 자지 못하면 수면제를 처방해주겠다고 했다. 행동원칙 중 하나는 맑은 정신에 억지로 자려고 눈을 감은 채 생각을 없애려 하지 말라는 것이다. 걱정과 근심인 잡초의 활동량은 외부에서 들어오는 자극량과 관련이 있다. 볼 것, 들을 것, 만질 것이 있으면 정신이 그쪽으로 분산되기 때문에 잡초의 활동이 상대적으로 적다. 하지만 자려고 조용한 방에 누워서 눈을 감고 있으면, 이런 자극들이 완전히 차단된다. 그러니 잡초의 활동이 극대화된다. 잠이 오기는커녕 정신이 더 맑아질 수밖에 없다. 그래서 환자에게 밤을 새우더라도 눈을 뜨고 천정을 바라보면서 무슨 생각이든 걱정 근심과 다른 내용을 생각해보라고 했다. 한 주일 후 진료실을 방문한 환자는 매우 밝은 표정이었다. 내원 후 삼 일째 이후로는 잠을 잘 수 있게 되었다고 했다. 걱정과 근심이 없어진 것은 아니지만, 잠을 잘 자서인지 줄었다고 하여 다행이었다.

---

**지혜의 발견 17**

비온 뒤 땅은 굳겠지만 비가 올 때 자라는 잡초가 문제다. 근심 걱정의 잡초는 뽑아도 뽑아도 다시 자라난다. 그러니 잡초를 밟으며 다른 풀을 심으러 자연으로 나가자! 근심 걱정의 반추를 신선한 공기와 상쾌한 바람에 날려보내자!

주석

＊ Biological Psychiatry

# 18 자기 관련 정보와 감정의 처리
## ─제발, 한 귀로 듣고 한 귀로 흘려라

    남의 말을 주의 깊게 듣지 않는 무관심한 태도를 이르는 말로, '한 귀로 듣고 한 귀로 흘린다'는 속담이 있다. 주로 남의 비평이나 의견을 귀담아듣지 않는 사람을 가리켜 사용된다. 분명히 두 귀로 들었지만, 듣지 않은 듯이 행동을 하니, 소리가 들어가는 귀와 나가는 귀가 따로 있는 듯하다는 것이다. 남이 하는 말에 대해 경청하는 것은 우리 사회 곳곳에서 요구된다. 개인이나 사회의 발전 혹은 갈등에 대한 해결책이 필요한 경우에 특히 그렇다.

    이 속담은 집중력 문제로 다른 사람의 말을 흘려버릴 때도 사용된다. 집중력이 약해서 사람들의 말에 주의를 기울이지 못해서일 수도 있고, 반대로 집중력이 너무 강해 자기

일에 집중하느라 다른 사람의 말을 못 알아차릴 때도 있다. 필자도 TV를 보는 도중에 아내가 말을 걸 때, 미처 그 말을 인지하지 못해 화를 부를 때가 가끔 있다. 보고 듣기를 한꺼번에 하는 것을 멀티태스킹이라 하는데, 어느 한쪽에 강하게 집중하면 다른 한쪽에 대한 집중력은 약해지기 마련이다.

### 사회불안이 높은 경우의 반응

반대로 한 귀로 듣고 한 귀로 흘렸으면 하는 경우는 없을까? 있는 정도가 아니라, 아주 많다. 필자는 진료실에서 제발 그랬으면 하는 환자들을 자주 접한다. 그런 환자들에는 두 종류가 있는데, 첫째는 남의 말에 과도하게 신경을 쓰는 사람이다. 신경만 쓰는 게 아니라 그 말에 쉽게 상처받고 괴로워한다. 대인관계에 어려움이 있고, 사람들 대하기를 꺼리는 사회불안이 있는 경우에 특히 그렇다. 이 환자들은 자신에 대한 부정적 평가에 과민하다.

진료 중에 환자들에게 "성격이 어떠세요?"라는 질문을 던지면, 의외로 답하기 어려워한다. 그러면서도 "좀 예민한 편이에요"라고 답하는 경우가 꽤 있다. 자세한 설명 없이, 그냥 예민하다고 한다. 몇 가지 구체적인 질문으로 확인해 보면, 이때의 예민함은 대개 남이 하는 말에 대한 예민함이다. 자신에 대해 좋지 않게 평하는 말을 들으면 한 귀로 흘리지 못하고 몹시 상처를 받는다. 그 소리가 귀에 울려 밤잠을 설치는 경우도 허다하다.

이들의 특성이 뇌 상태와 어떻게 연결되는지는 미국 국립정신보건원 연구진이 2011년 국제학술지*에 발표한 연구결과에 잘 드러나 있다.[34] 연구진은 사회불안이 높은 사람들이 부정적 평가의 말을 자신의 관점(예: 나는 바보다) 혹은 남의 관점(예: 너는 바보다)에서 듣고, 느낌이 어떤지 평가하는 동안 뇌 MRI를 촬영했다. 그 결과, 자기관련정보 처리의 중추(안쪽 전두피질)의 활성이 자신의 관점을 들을 때는 감소한 데 비해, 남의 관점을 들을 때는 증가했다. 이 결과는 사회불안이 높을수록 자기관련정보 처리의 중추가 남의 평가에 더욱 과민함을 말해준다.

이렇게 예민해진 뇌 부위는 자기정보 처리의 중추에 국한되지 않는다. 감정 처리의 중추도 문제다. 이는 미국 템플

대학교 연구진이 2019년 국제학술지**에 발표한 연구결과에서 잘 드러난다.[35] 연구진은 사회불안이 높은 사람들이 자신에 대한 비판이나 칭찬의 말들을 차례로 들을 때 공포의 중추(편도체)와 혐오의 중추(섬엽)의 활성 반응을 MRI를 이용해 조사했다. 그 결과, 두 중추에서 비판과 칭찬의 말에 따른 활성 반응이 부정평가의 두려움 및 사회불안 증상의 수준과 유의미한 상관성을 보였다. 이러한 결과는 사회불안이 높은 사람들에게는 비판의 말뿐 아니라 칭찬의 말조차 감정 처리의 중추에 상당한 부하로 작용함을 말해준다. 대인관계에 예민해지면 칭찬의 말도 곧이곧대로 받아들여지지 않을 수 있다. 칭찬의 말 뒤에 다른 의미가 있지 않을지 걱정하는 것이다.

### 현혹에 약한 경우의 반응

남의 말을 한 귀로 듣고 한 귀로 흘렸으면 하는 두 번째 부류의 환자는 귀가 얇은 사람이다. 남의 말에 쉽게 흔들려서 잘 넘어가는 사람을 팔랑귀 혹은 펄럭귀라 한다. 귀가 얇아 팔랑거리거나 펄럭거리니 결국 같은 말이다. 남의 좋은 말, 올바른 충고에 귀가 얇으면 다행이다. 경청의 자세가 확실하니 사회에 이롭게 행동할 가능성이 커진다. 하지만, 실제로 우리가 이런 표현을 사용하는 경우는 주로 자기 줏대가 없어 별거 아닌 것에도 쉽게 현혹되어 어리석은 행동을 보이는 경우다.

　귀가 얇아 생기는 문제는 진료실에서 필자가 접하는 흔한 경험이다. 예를 들어, 처방한 약을 제대로 먹지 않은 환자에게 그 이유를 물어보면 "남들이 먹어서 좋을 게 없다고 해서요"라는 대답이 돌아온다. 그 환자가 왜 약을 먹어야 하는지에 대한 이유를 알지 못하는 사람의 일반적인 말에 혹하는 것이다. 증권투자를 해서 돈을 꽤 벌었다는 친구의 말에 혹해서, 주식에 거액을 투자했다가 큰 손해를 보고 스트레스에 불면증이 생겨 진료실을 찾는 환자도 있다. 좋은 뜻에서 하는 남의 이야기라도 다 들어서는 안 된다. 자신의 상태와 능력을 정확히 평가해서 할 것과 하지 말아야 할 것을 구별할 줏대가 필요하다.

그나마 남의 선의에 혹하는 경우는 그래도 낫다. 잘 믿는 것이 잘 속는 것으로 이어지면 더 큰 문제가 된다. 사기를 당해 엄청난 손해를 입어 화병에 걸리는 경우가 많다. 보이스피싱에 속아 범인에게 거액을 갖다 바친 경우, 사기꾼의 감언이설에 속아 빚내어 땅을 샀다가 낭패를 본 경우, 마음에 상처를 받은 이가 위로의 말에 혹해 모든 걸 다 바쳤다가 빈털터리가 된 경우 등, 갖가지 사연의 호소가 정신건강의학과 진료실에서는 흔한 광경이다. 사이비에 빠져 헤어나지 못하고 있으면서도 정작 본인은 속고 있다는 것을 몰라서 가족들이 애태우는 경우도 많다.

### 마음 이해 중추의 기능

사실 남을 속이고 기만하는 행위를 성공적으로 해내는 사람은 특별한 능력을 갖춘 사람들이다. 그 능력은 잘 발달한 마음 이해의 중추에서 기원한다. 이 중추는 타인의 의도와 감정을 정확히 읽어 사회적 상호작용을 가능하게 하는 기능을 한다. 이 기능이 선한 쪽으로 뛰어나면 타인의 마음을 깊이 이해하여 민첩한 사회적 활동을 하며, 깊은 배려심과 공감의 친사회적 행동을 잘 하는 사람이 된다. 그러나 악한 쪽으로 뛰어나면 거짓말로 남에게 속임수를 잘 쓰는 반사회적 행동에 뛰어난 사람이 될 수 있다.

선량한 일반인은 정직할 때보다 거짓말로 속일 때, 마음이해의 중추를 더 많이 사용한다. 자신의 거짓이 타인에게 미칠 영향에 대해 생각이 많아지기 때문이다. 이 점은 러시아 과학아카데미 연구진이 2020년 국제학술지***에 발표한 연구결과에서 잘 드러난다.[36] 연구진은 일반인 피험자들이 금전적 손해와 관련해 정직과 거짓 내용의 메시지를 번갈아서 가상의 상대방에게 보내고, 그 반응을 예측하는 동안 뇌 MRI를 촬영했다. 그 결과, 마음 이해의 중추(측두-두정 접합부, 위쪽 측두고랑) 활성이 거짓 내용을 보냈을 때만 나타났다. 상대방을 기만한 것이 상당한 인지 부하를 일으킨 것이다.

사기꾼을 대상으로 같은 실험을 진행한 연구는 아직 없다. 그러나 실제로 진행했을 경우, 그들의 뇌에서는 남을 기만할 때에도 마음 이해의 중추가 비활성 상태일 것임을 충분히 예상해볼 수 있다. 그들에게는 기만에 대한 합리화만 있지 타인의 마음을 이해하는 것이 필요할 정도의 가책이 없기 때문이다. 이 사회에 그런 기만의 능력자들이 얼마나 많은지, 보이스피싱 말고도 우리가 속지 말아야 할 분야가 너무나 많다. 과장광고, 불량제품, 허위매물, 기획부동산, 부동산 호가 장난, 대출사기, 보험사기, 투자사기, 가짜 건강정보, 가짜 뉴스 등등. 뛰는 놈 위에 나는 놈이 있는 덕택에 눈 뜨고 코 베이는 세상이다.

> **지혜의 발견 18**
>
> 한 귀로 듣고 한 귀로 흘리는 것은 삶의 지혜다. 너무 예민해서 힘들지 않기 위해, 혹은 쉽게 현혹되어 고통스럽지 않기 위해 자신을 지키는 현명함이므로.

주석

∗ Psychiatry Research

∗∗ Journal of Anxiety Disorders

∗∗∗ Scientific Reports

# 19 주의편향 효과
## —모르는 게 약이 될 수도 있다

'낫 놓고 기역 자도 모른다'는 기역 자 모양의 낫을 보고도 기역을 모를 정도로 무식하다는 뜻이다. 태어날 때 사람은 다 무식하다. 배우면 유식해지고, 배우지 못하면 무식으로 남는다. 배우려면 우선 글자부터 알아야 한다. 세종대왕께서 한글을 만든 취지도 백성들이 무식에서 벗어날 수 있게 하기 위해서라고 훈민정음 서론에 쓰여 있다. 글자를 알아야 책을 읽을 수 있고, 책을 많이 읽으면 지식인이 될 수 있다.

우리 부모님들의 높은 교육열 덕분에 우리나라는 문맹 시대를 완전히 벗어났다. 이제 낫 놓고 기역 자도 모를 사람은 없다. 도시화 시대에 살아 낫은 모를지언정, 기역을 모르지는 않는다. 여기에 영어까지 더해졌다. 우리 모두 책과 신문을 읽을 수 있으니 무식을 넘어 지식인이 될 수 있는 능력을 갖추게 되었다. 이런 상황에 컴퓨터, 무선통신, 인터넷의 발전까지 더해지니, 정보 홍수의 세상에서 이제 누구라도 지식인을 자처할 수 있도록 세상이 변했다.

그런데, 이런 정보 홍수와 지식인의 세상이 되니, 반대로 무식한 게 낫다는 속담을 소환하게 된다. '아는 게 병, 모르는 게 약'이 그것이다. 여기에서 약은 잘못을 추궁받는 이들이 사법기관이나 국회에서 자체 처방으로 사용하는 모르쇠와는 다르다. 어설픈 지식이 오히려 독이 될 수 있음을 뜻한다. 대박 투자법을 소개한 신문기사를 읽고 증권투자에 뛰어들었다가 쪽박 차는 경우가 그 예다. 약간 다르게, 사실 인지가 걱정을 불러일으킨다는 의미로 사용되기도 한다. 증권투자를 시작했다는 자식의 소식을 들은 부모의 마음이 그럴 수 있다.

필자는 신체증상에 과도하게 예민한 건강염려증 환자들에게 가끔 이 속담을 예로 든다. 자신의 몸 상태에 대해 실제와 다르게 비관적으로 해석하여 질병에 걸렸거나 걸릴 수 있다는 믿음을 일컬어 건강염려증이라 부른다. 이 상태에 빠지면, 피부에 약간의 따끔거림이나 뾰두라지 혹은 가벼운 팔 저림 같은 사소한 불편도 그냥 지나치지 못한다. 병 증상의 악화 신호 혹은 새로운 병의 초기증상일 수 있다고 믿으며 불안해한다. 우울증과 불안증을 포함한 많은 정신질환과 각종 신경성 신체질환 환자들에서 광범위하게 나타난다. 병원에서 검사 후에 이상 없다는 진단을 받아도 믿지 못해서 다른 병원이나 여러 진료과를 찾아다니며 반복적으로 진단을 받으려는 경향이다. 이들에게는 건강정보가 불안의 씨앗이다. 전혀 의식하지 않다가도 두통이 뇌졸중의 초기증상일 수 있다는 정보를 접한 후에는 가벼운 두통조차 그냥 넘기지 못한다. 이들에게야 말로 아는 게 병인 것이다.

### 주의편향 효과

사실 건강염려는 병의 조기발견이라는 순기능이 있다.

공포라는 감정이 천적을 피하게 하는 반사행동을 일으켜 생존을 가능하게 하듯이, 중병에 걸릴 수 있다는 염려는 건강진단이라는 대응행동을 유발한다. 덕분에 많은 사람이 중장년이 되면 당장 병이 없더라도 건강검진을 받고, 여기서 건강의 적신호를 발견해 중병을 예방한다. 그런 점에서 얼마간의 건강염려는 우리에게 필요한 기능이다. 문제는 항상 그렇듯이 과도함에서 발생한다.

이런 건강염려증에 사로잡히면 건강을 위협하는 자극에 주의가 편향되어 병적인 건강 불안에서 벗어나지 못하게 된다. 이 현상은 독일 하이델베르크대학교 연구진이 2017년 국제학술지*에 발표한 논문에서 분명하게 확인된다.[37] 연구진은 건강염려증이 심한 환자들에게 여러 색깔의 단어들을 하나씩 보여주고, 단어와 상관없이 색깔을 읽는 과제를 실행하는 동안 MRI를 촬영했다. 제시된 단어는 신체증상(예: 두통, 구토), 병명(예: 위암, 간염), 중립(예: 가위, 도마)의 세 종류가 동등한 비율이었다. 실험 결과, 건강염려증 환자들은 중립 단어보다 신체증상과 병명의 단어들에서 색깔읽기의 반응 시간이 길었다. 또 신체증상 단어에 반응할 때 공포 중추(편도체)의 활성이 증가하였으며, 그 활성 수준은 신체증상 단어에 대한 각성도와 부정성 평가점수와 높은 상관성을 보였다. 이러한 결과는 건강염려증 환자에서 신체증상과 관련한 자극에 주의편향 효과가 뚜렷함을 보여준다.

세 살 버릇 여든까지 간다는 속담이 있다. 왜 아흔이 아니고 여든일까? 아마도 예전에는 여든이 최대 수명이었기 때문에 그랬을 것이다. 이제 그 수명이 100세를 넘어가니 자연히 노인성치매 환자도 급격하게 증가하게 되었다. 그 효과 때문인지 중년만 넘으면 치매에 대한 걱정도 만연하게 되었다. 나이 들면 생기게 마련인 자연스러운 건망증조차 사람들에게 치매의 초기증상으로 오인되는 경우가 흔하다. 이 역시 건강염려증의 하나다.

주관적 인지 저하의 느낌은 객관적 인지 수행능력과 관련이 없으며, 대신 치매 걱정을 포함한 건강염려 성향을 반영한다. 미국 몬태나대학교 연구진은 최근 국제학술지**에 이에 관한 증거를 보고했다.[38] 연구진은 치매 징후가 없는 노인을 대상으로 조사한 결과, 치매 걱정이 많을수록 치매 노출, 다른 일반적인 걱정 증상의 수, 건망증 문제 등이 더 많았다. 이런저런 걱정이 많은 사람들이 치매 걱정도 많은 것이다. 그중에서도 가족 중에 치매 환자가 있었던 사람들이 가벼운 건망증만 경험해도 치매 걱정을 심하게 한다.

걱정과 불안의 악순환

치매 걱정과 관련하여 필자가 자주 받는 질문이 있다. "정신과 약을 먹으면 치매에 걸리기 쉽다던데, 사실인가요?"이다. 약과 치매의 관계가 건강 관련 TV 프로그램에서 소개되고, 인터넷에서 흔히 검색됨에 따라 이런 인식이 퍼져서, 이제 거의 모르는 사람이 없을 정도다. 그런데, 우선 이 질문 자체에는 오류가 있다. 해당 정보는 정신과 약 전체에 관한 이야기가 아니다. 정신과 약 중에 벤조다이아제핀이라 불리는 항불안제에 한정된 이야기다. 흔히 신경안정제라 불리는 약이다. 벤조다이아제핀을 복용하는 사람들이 치매 위험성이 높더라는 논문이 2014년과 2015년에 영국 의학저널에 연이어 실리면서 이런 지식이 일반화되었다.

그러나 벤조디아제핀이 치매의 직접적 원인이라는 보고는 아직 없는 데 비해, 벤조디아제핀과 상관없이 불안장애가 치매의 위험성을 높인다는 연구논문이 있다. 위험성과 원인은 다르다. 예를 들어, 걱정이 많은 사람이 불안 증상을 갖게 될 가능성이 크니, 벤조디아제핀을 복용할 가능성도 커진다. 그러면 결국 벤조디아제핀을 복용하는 사람 중에 치매에 걸리는 사람이 많아진다. 이 말은 치매의 원인은 걱정이 많은 것에 있지 벤조디아제핀이 아니라는 말이 된다. 위험성이 높다고 해도 원인은 따로일 가능성이 있는 것이다.

벤조디아제핀을 복용하면 치매까지는 몰라도 건망증이 늘어남은 확실하다. 이런 건망증 때문에 치매를 걱정하지 않을 수 없다. 이 점은 벤조디아제핀을 복용할 수밖에 없는 불안증 환자들에게 깊은 고민을 안겨준다. 치매 걱정에 약을 먹지 않으니 불안은 심해지고, 불안이 심해지니 치매 걱정은 더 많아지는 악순환을 거듭하게 된다.

극심한 불안이 사람을 얼마나 괴롭게 하는지 겪지 않은 사람은 잘 모른다. 괴로움이 너무 심해 삶의 의미조차 상실하는 분들이 많다. 이런 극단의 괴로움에도 나중에 생길지 모르는 치매에 대한 걱정이 약 복용을 꺼리게 한다. 게다가 굳이 약을 먹을 필요가 있냐는 주변 사람들의 말이 그들을 진퇴양난에 빠지게 만든다. 그들이 벤조다이아제핀을 복용하지 않음으로써 치매 위험성은 줄일 수 있겠으나, 반대로 그런 불안상태 지속이 치매의 위험성을 높일 수 있음은 어떻게 해결해야 할까? 결국, 정답은 한 가지다. 약의 남용은 금물이다. 하지만 필요한 사람은 복용해야 한다.

---

**지혜의 발견 19**

항상 아는 게 힘일까? 건강염려증에 빠져있다면 아는 게 병이다. 모르는 게 약이 될 수도 있다. 걱정과 불안의 악순환의 고리를 끊는 것이 건강하고 지혜로운 인생을 위한 약이기 때문에.

주석

* Journal of Psychiatry & Neuroscience
** Archives of Clinical Neuropsychology

## 20 편리함의 역기능

### —누워서 떡 먹기는 쉽지 않다

아주 쉬운 일을 표현할 때 사용하는 속담은 '누워서 떡 먹기'다. 같은 의미의 다른 속담도 있는데, '식은 죽 먹기'와 '땅 짚고 헤엄치기'가 그것이다. 뜨거운 죽 먹기보다 미지근한 죽 먹기가 쉽고, 물에서 헤엄치기보다 땅에서 헤엄치는 동작만 하는 게 쉬우니, 의미가 당연한 속담이다. 이에 비해 '누워서 떡 먹기'는 뭔가 어폐가 있다. 실제로 누워서 떡 먹기가 그리 쉽지 않다. 사레들어서 괴로움을 당하기에 십상이다. 쉬운 쪽으로 따지자면, 앉아서 먹는 편이 훨씬 쉽다.

왜 누워서 떡 먹기를 쉬운 일이라고 했을까? 요즘 같은 기계가 없던 옛날에 떡을 만들려면 보통의 수고가 들어가는 것이 아니었다. 그래서 누가 떡을 그냥 먹으라고 주면, "웬 떡이야?"라는 말이 저절로 나왔다. 누워 있으니 아무것도 안 했다는 말이고, 누가 떡을 줘서 먹게 되니 별 수고 없이 뭔가를 했다는 말이 된다. 이런 유래를 생각하면 쉬운 일이라는 의미가 어느 정도 다가오기는 하지만, 사레드는 것에 대한 걱정은 여전히 남기에 속담 사용에 뭔가 찜찜함은 남는다.

하지만, 약간의 논리 비약을 동원해 새로운 해석을 부여한다면, '누워서 떡 먹기'라는 속담에는 다른 두 속담에 없는 보다 심오한 의미가 담겨 있다. 그 의미는 숨은 경고다. 사레들어 괴로움을 당할 수 있다는 사실이 간과된 것이 아니라, 쉬운 일인 줄 알고 계속했다가는 부작용이 따를 수 있다는 경고가 숨겨져 있다고 보는 것이다. 실제로 우리는 쉬운 것만 찾다가 역효과를 보게 되는 상황을 지금 경험하고 있다.

편리함의 역습

우리 주변의 온갖 기기들은 모두 우리 생활을 좀 더 편리하게 해주는 방향으로 발전해왔다. 편리함이란 곧 힘을 덜 들이고 쉽게 할 수 있는 것을 말한다. 서울에서 부산을 힘들여 걸어가야 하는 시절에서 자동차나 기차로 쉽게 이동할 수 있게 되었다. TV 채널을 바꾸려 애써 일어나 스위치를 돌리러 가던 시절에서 가만히 앉아 리모컨으로 쉽게 조종할 수 있게 되었다. 모든 변화는 쉬워지는 쪽이었다. 그 결과 우리는 점점 운동량이 줄게 되었고, 운동 부족은 우리의 신체적, 정신적 건강을 위협하는 부메랑이 되어 다가왔다. 비만, 당뇨병을 포함한 대사성 질환, 심혈관계 질환, 위장관계 및 피부질환, 노화 촉진에 따른 퇴행성질환, 우울증을 포함한 정신질환 등이 모두 운동 부족으로 생길 수 있는 것들이다. 그야말로 편리함의 역습이다.

건강의 측면에서 운동 부족의 악영향은 널리 알려져 이제 많은 사람이 공원, 강변, 헬스장에서 운동으로 걷기를 하고 있다. 2017년 국제학술지*에 발표된 캐나다 브리티시컬럼비아 대학교 연구진의 논문에 따르면,[39] 노인들에서 10년 사이의 걷기 운동량과 뇌의 변화를 측정한 결과, 걷기를 많이 할수록 해마(기억의 중추)의 용적 감소율이 적고, 회백질 확산성이 덜 증가하며, 인지검사 수행성적이 양호하게 유지되었다고 한다. 그만큼 걷기는 뇌의 노화를 늦춰서 인지기능의 감퇴와 치매 예방에 도움이 되는 것을 알 수 있다. 필자는 우울증이나 불안증 환자들에게도 적극적으로 걷기 운동을 권한다. 걷기에 따른 신체활동이 뇌의 정서 중추 활성에 결정적인 영향을 미치기 때문이다. 중년을 넘긴 환자들은 이 권고를 비교적 잘 따르지만, 젊은 환자들은 그렇지 않은 편이다. 그냥 귀찮아서 하지 않으려 하고, 막상 실행해도 작심삼일로 끝난다.

여기서 생각해 볼 일은 편리함을 주는 기기가 없던 시대에 살아가던 사람들이 건강을 위해 일부러 걷기 운동을 하

지는 않았으리라는 것이다. 운동과 건강에 대한 과학적 지식이 없기도 했겠지만, 생활 자체가 운동이었으니 일부러 걷기 운동을 하는 게 우습기도 했을 것이다. 그렇다면, 이 시대에도 생활 자체를 운동화하면 일부러 운동시간을 따로 둘 필요를 줄일 수 있다. 이를 위해서는 잠시의 편리함을 내려놓으면 된다. 예를 들어, 에스컬레이터나 엘리베이터를 타야 할 때, 계단을 걸어 올라가면 된다. 멀지 않은 곳으로 가야 할 때라면 조금 일찍 출발해서 걸어가면 된다. 돈을 좀 투자할 여력이 있는 분이라면 거실에 워킹머신을 설치해 TV 볼 때만이라도 걸으면 된다.

### 재미는 건강의 조력자

걷기를 운동으로 하려 할 때, 이를 꺼리는 사람들의 가장 흔한 이유는 '재미없음'이다. 우리 일상에서 동기 유발을 위한 가장 강력한 무기는 '재미'다. 젊은이들에게는 특히 그렇다. 요즘 젊은이들은 대부분 재미를 화면이 있는 도구에서 얻는다. 화면이 제공하는 가상현실은 뇌의 쾌감보상회로를 강력하게 자극해서 재미있게 만든다. 필자는 수년 전 젊은 정신질환자들을 대상으로 하는 사회기술훈련에서 가상

현실 기술을 적용하면 훈련 효과가 배가된다는 연구결과를 국제학술지에 발표한 적이 있다. 그런 결과가 가능했던 것은 훈련을 귀찮아하던 환자들에게 가상현실 화면이 재미를 주어 적극적으로 훈련에 참여할 수 있도록 끌어냈기 때문이었다. 이제 우리의 일상은 재미를 주는 화면에 종속되어 도구를 사용하는 편리함만이 아니라 운동 부족이라는 문제까지 마주하는 처지가 되었다. 화면이 없던 과거에는 재미의 원천은 야외에서의 놀이였고, 이는 모두 운동을 기본으로 했다. 그러나 화면에 종속된 현대의 놀이는 손가락의 움직임이 고작이다.

그렇다고 건강을 위해 현대문명의 편리함을 포기할 수는 없을 것이다. 이제는 현대의 기술을 활용하면서도 운동 부족의 문제를 해결할 방법을 찾는 게 시대적 과제가 되었다. 한때 유행했던 '포켓몬 고' 게임은 그런 해결책의 하나로 가능할 수 있음을 보여준 바 있다. 이 게임은 실제 현실 배경에 가상 애니메이션을 올려놓는 증강현실 기술을 이용한다. 이 게임을 하려면 많은 시간을 밖에서 돌아다녀야 한다. 걷기의 지루함 없이, 게임의 재미에 빠져 열심히 걷게 된다는 점이 게임의 순기능으로 작용했다.

필자는 증강현실이 인간 뇌에 미치는 영향을 연구한 적이 있다. 자신의 몸을 화면에 보여주면서 가상의 불꽃이 몸에 일게 했더니 뇌에서 공포 중추(편도체)가 활성화되었다. 즉, 현실과 가상의 합성이 강력한 뇌 반응을 일으킨 것이다. 이런 강력한 뇌 반응 때문인지 증강현실 게임은 현실과 가상의 결합을 통해 강력한 재미를 불러일으킬 수 있다. 재미 있는 운동은 건강에 대단한 조력자다. 우리는 기술발전의 혜택으로 재미를 누리면서도 운동 부족의 부작용을 걱정하고 있다. 하지만, 그 부작용마저도 이제 기술발전으로 해결할 수밖에 없는 세상이다.

### 편리함의 역기능이 미치는 영향

편리함의 역기능을 운동 부족으로만 살펴봤지만, 건강에 해악을 주는 극단적인 역기능의 예로 교통사고가 있다. 우리는 이제 이동을 쉽게 해주는 자동차가 없는 세상을 상상할 수 없다. 하지만 그 때문에 죽는 사람의 수가 얼마나 많은가? 우리는 코로나19로 인해 2020년 내내 공포의 세월을 보냈다. 그 결과, 우리나라 코로나19 사망자 수는 2020년을 통틀어 917명이었다. 이에 비해 2020년 교통사고 사망자 수는 3,081명으로, 세 배 이상이나 많았다. 부상자 수는 47,513명이나 된다. 이런 현실에도 우리는 자동차를 공포의 대상이 아닌 편리의 필수품으로 여기며 살고 있다. 교통사고 후유증으로 외상후스트레스장애가 생긴 환자들만이 코로나19보다 자동차가 더 무서운 존재라고 인식하고 있다.

편리함의 역습은 개인적인 건강에 대한 악영향에만 그치지 않는다. 우리는 일상생활을 쉽게 하려고 수많은 플라스틱 제품과 일회용품을 사용하고 있다. 그 결과 우리 지구는 플라스틱 쓰레기의 심각한 환경오염 문제에 이르게 되었고, 이는 우리 인류 전체의 건강을 위협하는 단계까지 이르렀다. 더 크게 보면, 인류는 편리함을 추구하여 거대한 현대 산업을 만들어냈고, 그 결과로 발생한 공해 물질은 지구온난화와 기후변화로 이어져, 이제 우리는 지구상에서 인류 전체의 생존을 걱정해야 하는 실정에 이르렀다. 이제는 과거로 돌아갈 수 없도록 너무 멀리 와버렸기에 현재의 우리는 누워서 떡을 먹다가 사레들린 이 지구를 어떻게든 치료해야 하는 상황에 내몰려 있다.

누워서 떡 먹기는 쉽지 않다. 쉬운 길은 편리함을 앞세우지만, 종착역
은 각종 질환이다. 부지런히 움직이고 걸으라, 많은 문제가 쉬워질 것
이니.

주석

* Neurobiology of Aging

# 21  고정관념
## —참새가 방앗간만 좋아할까

'참새가 방앗간을 그냥 지나치랴'라는 속담이 있다.

이는 곡식 알갱이를 먹이로 하는 참새가 먹이를 구하려고 곡식이 많은 방앗간 근처에 기웃거림을 빗댄 말로, 사람은 자기가 좋아하는 것을 보면 하고 싶은 욕구를 참지 못한다는 의미이다. 주로, 어떤 물질이나 행위에 중독된 사람이 그것을 구할 수 있는 장소를 봤을 때, 혹은 욕심 많은 사람이 이익을 취할 수 있는 상황이 되었을 때, 그 유혹에 따른 절제심을 상실할 경우를 비유한다.

가을에 영근 곡식은 참새들의 표적이 되니, 농부들에게 참새는 여간 귀찮은 존재가 아니다. 허수아비로 쫓아내려 하지만 쉽지 않다. 수확한 곡식은 찧거나 빻기 위해 방앗간에 모인다. 그러니 방앗간 바닥에는 흘린 곡식들이 떨어져 있다. 생존을 위해 참새들은 방앗간을 그냥 지나칠 수 없다. 게다가 먹이가 부족한 겨울에 참새들은 생존을 위해 무리를 지어 생활한다. 그러니 방앗간 주변에 떼거리로 몰려들어 시끄럽게 한다. 중독된 사람들이나 욕심을 탐하는 사람들이 마치 생존을 위해 그렇게 하지 않을 수 없듯이 행동하는 습성을 고려하면, 참새와 방앗간의 관계는 그들에게는 너무나 적절한 비유다.

그런데, 참새가 곡식 알갱이를 탐해 농부들에게 폐만 끼치는 존재일까? 그렇지 않다. 참새는 잡식성으로 알갱이만 먹지 않는다. 봄부터 가을까지는 주로 벌레들을 잡아먹는다. 그 벌레 중에는 곡식에 해로운 해충도 많다. 그러니 참새는 곡식이 병들지 않고 성장하게 도움을 주는 면도 있다. 나중에 곡식이 영글면 맛있게 먹으려고 미리 해충을 잡아먹어 준다는 게 참새의 입장일 수 있다. 곡식이 잘 자랐으면 하는 마음은 농부나 참새나 똑같다.


## 고정관념은 집단의 범주화와 단순한 도식의 합이다

사람들이 참새 하면 방앗간을 연상하는 것은 사람들의 고정관념일 수 있다. 겨울에 마을 가까이, 특히 방앗간 근처에서 시끄럽게 하는 특성으로 인해 사람들에게 고정관념이 생겨났다. 다른 계절에 멀리 날아다니며 해충을 잡아먹는 모습은 사람들의 눈에 띄지 않으니 참새에 대한 긍정적인 이미지는 사람들의 관념에 자리 잡고 있지 않다. 고정관념이란 사람들의 행동을 결정하는 잘 변하지 않는 굳은 생각이다. 우리가 아주 당연한 것처럼 생각하는 그 무엇이 바로 고정관념이다.

보통 고정관념이라는 말이 사용되는 경우는 집단을 범주화하여 단순하게 특성지울 때다. 예를 들어, 남자를 '사나이'라고 부를 때, 여기에는 남자상에 대한 고정관념이 담겨 있다. 남녀불문하고 어린 시절은 울음이 많은 시기다. 필자도 그랬다. 귀에 못이 박이도록 들은 소리는 "사나이가 울면 되나"였다. 그래서 내게는 울면 안 된다는 단순화된 도식이 고정관념으로 자리 잡았다. TV를 보다가 어떤 장면에서 여자가 울면 상황 그대로 이해하는데, 남자가 울면 내 안의 고정관념이 작동한다. 상황과 관계없이 "남자가 찌질하게 왜 울어"하는 것이다. 곧, 고정관념은 범주화된 사회집단(예: 남자)과 단순화된 도식(예: 울지 않는다)의 합이며, 그런 관념에 반하는 집단 구성원의 개성이나 개인차는 부정적인 것으로 간주된다(예: 찌질하다).

## 고정관념의 특성

고정관념과 비슷하지만 다른 개념으로 편견이 있다. 둘 다 잘 변하지 않는 생각이라는 공통점이 있지만, 편견이 한쪽으로 치우친 왜곡된 생각이라면, 고정관념은 왜곡된 것은 아니나 지나치게 일반화된 생각이다. 예를 들어, '정신장애인은 위험하다'라는 생각은 편견이다. 일부 극소수의 정신장애인이 범죄를 저지른 사건 때문에 위험하다고 왜곡된 것이다. '범죄자는 위험하다'라는 생각은 고정관념이다. 어쩔 수 없이 사건에 휘말린 범죄자도 많음을 고려하면 지나치게 일반화된 것이다. 성별, 민족, 종교, 직업 등과 같은 사회적 범주에 대한 우리의 지식에는 흔히 지나치게 일반화된 고정관념이 포함되어 있다. 이런 관념은 사회집단의 특성을 단순화함으로써 그 집단에 잘못된 낙인을 제공할 수 있다는 부정적 측면이 있기는 하지만, 그 집단을 이해하는 데 필요한 부하를 줄여주는 긍정적 측면도 있다.

이런 고정관념의 특성에 관한 연구는 뇌과학적으로도 실행되어왔다. 벨기에 브뤼셀대학교 연구진은 2019년 국제학술지*에 관련 연구결과를 발표했다.[40] 이 연구에서 피험자들이 여러 사회집단(예: 경찰관)의 행동 두 가지(예: '딱지를 끊는다' 혹은 '길 건너는 사람을 안내한다')가 고정관념의 문장(예: '권위적으로 사람을 체포한다')에 부합하는지 판단하는 동안에 MRI 촬영이 실행되었다. 그 결과 '딱지를 끊는다'처럼 고정관념에 부합되는 행동의 상황에서 마음 이해의 중추 겸 자기관련정보 처리의 중추(안쪽 전두피질)의 활성이 억제되었다. 즉, 사회집단에 대한 고정관념은 그 집단의 행동을 이해하는 데 필요한 부하를 줄여주게 된다. 그래서 너무나 당연하게 "그 집단의 사람들은 원래 그런 거야"라는 식의 반응이 되는 것이다.

고정관념은 사회집단 사이의 갈등과 정신적 스트레스를 유발하는 원천으로 작용할 수 있다. 이런 문제로 필자의 진료실을 찾는 환자들이 종종 있는데, 성 역할에 대한 고정관념에 따른 갈등 발생 사례가 한 예다. 심한 우울증으로 입원 치료를 받았던 60대 후반의 여성 L씨는 병력 조사에서 특별한 유발요인이 발견되지 않았다. 입원기간 중 상담 시간에 L씨는 매우 조심스럽게 자신이 받은 스트레스에 대해 말했다. 남편이 은퇴하고 집에 같이 지내게 되면서 삼시세끼 밥상을 차리는 게 너무 힘들었다는 것이다. 남편이 심성도 착하고 자신에게도 너무 잘 대해주기는 하지만, 스스로 밥상 차려 먹을 줄 몰라 어쩔 수 없이 본인이 매번 준비해야 한다고 했다. 증상이 호전되어 퇴원하는 날에도 집에 가면 집안일을 어떻게 해야 할지 걱정이라고 했다. 여기서 L씨와 L씨 남편의 고정관념은 '밥 차리는 일(단순화된 도식)은 여자(사회집단)'였다. L씨는 그 고정관념에서 벗어나고 싶었으나, L씨의 남편은 그렇지 않았다.

### 고정관념으로 도태된 낙오자

체력이 떨어지고 나이든 여자들이 젊었을 때처럼 계속해서 삼시세끼 챙기기는 보통의 스트레스가 아니다. 그러나 나이든 남자는 젊어서부터 요리도 설거지도 한 적이 없으니, 그저 부인이 당연하게 계속해줄 것으로 생각한다. 필자의 아내가 이런 상황을 빗댄 유머를 들려준 적이 있다. 집에서 세 끼를 다 달라 하면 '삼시새끼', 두 끼라도 달라 하면 '두식이', 한 끼만 달라 하면 '일식씨', 한 끼도 안 먹으면 '영식님'. 이런 해학적 유머는 시대가 변해서 남자라는 이유만으로 가졌던 예전의 권위가 점차 상실되어가는 현실을 반영한다. 남자들에게는 '웃픈' 유머지만 시대가 변했으니만큼 성 역할에 대한 고정관념도 변해야 하는 것은 어쩔 수 없는 대세다.

진료실을 방문하는 환자 중에 L씨와 비슷한 사례는 생각보다 많다. 그래도 L씨의 경우는 상대적으로 상황이 좋은

편이다. 남편분이 착해서 어떻게든 부인을 덜 힘들게 하려고 노력하신다. 상당수의 남편은 그렇지 않다. 아직도 권위적으로 부인을 압박하고, 소리 지르고, 외출도 못하게 하는 남편이 있다. 그런 남편을 둔 환자들은 L씨처럼 단순한 우울증이 아니라 화병으로 병원에 다니신다. 변해야 할 사람은 남편인데, 정작 그 남편은 부인이 변할 것을 강요한다. 그러면서 "병원 다녀봐야 낫지도 않는데 왜 다니냐"며 의사까지 타박한다. 변해야 할 고정관념에서 벗어나지 못하면 시대 변화에 적응하지 못한 도태된 낙오자가 될 수 있다.

---

**지혜의 발견 21**

참새는 방앗간에만 집착하지 않는다. 당연하지 않은 것을 당연하게 받아들이지 않도록 해야겠다. 사회는 끊임없이 변한다. 그러니 고정된 관념으로부터 벗어나자!

---

주석

* Scientific Reports

# Part 4

# 조화를 위하여

## 22 확증편향

—하나를 보고 열을 알 수 있을까

'하나를 보면 열을 안다'는 속담은 하나를 배우면 열을 미루어 안다는 뜻으로, 총명함을 이르는 말이다. 이런 제자를 둘 수 있다면, 가르치는 사람에게는 대단한 행운이 아닐 수 없다.

필자도 평생을 교수로 재직하면서 많은 제자를 키웠다. 총명한 제자들이 많아서였는지 그리 많이 알려준 것 같지 않은데, 많이 배웠다며 감사했다는 말을 자주 들었다. 물론 상당수는 인사치레였을 것이다. 하지만 그들이 총명했기에 하나만 배웠어도 열을 알아 정말 많이 배웠다고 느꼈을 수도 있다.

## 하나를 보고 열을 안다는 것은 덕담일 뿐

가르치는 처지가 되면 한결같은 기대가 있다. 하나만 가르쳐도 열을 알았으면 하는 바람이 그것이다. 그러나 현실은 그렇지 못하다. 그 바람과 정반대의 감정 때문에 한탄하는 경우가 많다. 열을 가르쳤는데 하나라도 제대로 알아듣기는 했는지 회의에 빠진다. 개구리가 올챙이 시절을 잊듯이, 가르치는 위치에 서면 배우던 시절을 잊게 되어 그러리라. 필자 또한 그런 회의에 빠질 때마다 나의 올챙이 시절을 회상하며 마음을 다잡는 편이다.

그런데, 하나를 보고 정말 열을 알 수 있을까? 실제로 누가 아무리 총명한들 셋이나 넷도 아니고 열을 알 수는 없다. 그런 초능력 수준의 엄청난 능력을 갖출 수 없다는 것을 모두 알고 있다. 그런데도 사람들은 총명함에 대한 덕담을 건넬 때 과장된 표현으로 그렇게 말한다. 듣는 이도 자신이 그 정도는 아니라는 걸 알고 있지만, 말의 객관성보다는 속뜻을 헤아려 기분 좋아한다. 누구에게 건네는 말이 아니라 자기 자신이 그 정도의 능력자라 믿고 있는 사람이 있을까? 아무리 자신의 능력을 긍정적으로 평가하는 자존감이 강한 사람도 그 정도의 초능력을 소유하고 있다고 믿지는 않는다. 결국, 이 속담은 제삼자에게 건넬 때 생명력이 있다.

## 확증편향은 무의식 속의 자기중심적 왜곡이다

자신이 하나를 보고 열을 아는 초능력의 소유자라고 믿는 사람이라면 과대망상에 빠져 있지는 않은지 되돌아봐야 한다. 과대망상이라는 표현까지 썼지만, 사실 이는 의식적 차원에서만 옳은 말이다. 무의식적 차원으로 넘어가면 전혀 그렇지 않다. 사람들의 일부가 아니라 대다수가 마치 자신이 하나를 보고 열을 아는 것처럼 성급한 결론을 내는 편향된 사고에 빠져 있는 경우가 많다. 이런 현상을 일컬어 '확증편향(confirmation bias)'이라 한다. 이는 자기가 보고 싶은 현실만을 보려 하는 자기중심적 왜곡의 속성을 가리키는 말이다.

이런 속성이 있어서인지, 우리는 총명함을 칭찬하는 이 속담을 일상생활에서 다른 의미로 사용할 때가 많다. 상대방의 한 가지 행동을 보고 그 사람의 전체 행실을 유추할 때다. 착한 행동 한 가지를 보고 그 사람이 선한 성격의 소유자라고 칭찬하는 경우가 그렇다. 반대로 실수 하나를 보고 부주의한 사람이라고 질책할 때 사용하기도 한다. "네가 한 짓을 보니, 어떤 놈인지 훤히 알겠다!"라며 듣는 이가 뼛속까지 시리도록 엄청나게 상처를 주기도 한다. 이런 질책을 하는 사람들은 과장된 말을 하는 게 아니다. 정말 그렇게 믿는다. 무의식적 확증편향의 작용인 것이다.

확증편향에 사로잡히면 자신의 가치관에 도움이 되는 정보에 대해서는 그 하나로 열을 긍정적으로 유추하고, 도움이 되지 않는 정보에 대해서는 객관적인 사실도 애써 무시해버린다. 음모가 있다고 믿는 사람들의 태도 이면에도 이러한 확증편향이 작용한다. 그들은 모호한 사실에 대해서는 그 하나에 숨겨진 열 가지가 있다는 식으로 확대 재생산의 증거로 사용하고, 명백하게 입증된 사실조차 의혹의 대상으로 삼는다.

### 대립 때 강화되는 확증편향

사람들의 무의식에는 이러한 확증편향의 속성이 있음은 실험적으로도 증명된 바 있다. 2020년 런던대학교 연구진은 국제학술지*에 관련 연구결과를 발표했다.[41] 이 연구에서 피험자들은 모니터를 통해 그림처럼 좌우상하로 움직이는 작은 점들을 보았는데, 제시 시간이 0.35초로 아주 짧아서 움직이는 방향을 정확히 판단하기 어려웠다. 그런데도 좌우 어느 쪽으로 더 많이 움직이는지 판단해야 했고, 그 판단을 얼마나 확신하는지 또한 평가해야 했다. 예를 들어, 우측으로 점들이 60%가 움직이는 조건에서 정답은 우측이었다. 같은 조건에서 좌측으로 움직이는 점들이 5%인 경우보다 15%인 경우에 우측이라고 답했을 때의 확신도가 더 높았다. 즉, 반대 방향의 움직임 비율에 따라 목표 방향 판단에 대한 확신도가 달라졌다. 그런데, 이 확신도는 목표 방향(우측)으로 움직이는 점들의 비율이 70%로 올라가도 달라지지 않았다.

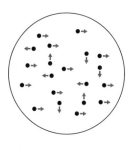
좌로 이동 15% / 우로 이동 60%

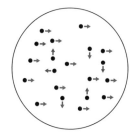
좌로 이동 5% / 우로 이동 70%

이 결과는 피험자들이 일단 반대 방향의 증거에 근거하여 결과를 확신하게 되면, 목표 방향의 새로운 증거가 나타나도 판단을 달리하지 않는 경향이 있음을 말해준다. 확증편향 현상을 보인 것이다. 연구자들은 피험자들이 이러한 판단을 실행하는 동안 뇌자기파를 측정하였고, 이를 인공지능으로 분석했다. 그 결과, 피험자들이 자신의 판단에 대한 높은 확신도를 유지하면 판단 후 전두엽 신경신호들의 변화가 확증편향의 방향으로 나타났다. 이 연구실험에서 연구자들의 결론은 사람들의 확신은 선택일관성 방향의 전두엽 신경기전을 형성하여 새로운 정보에 바탕을 둔 마음 변화의 가능성을 줄임으로써 확증편향이 생긴다는 것이었다.

이 실험은 사람들의 가치 판단의 근거가 목표 방향보다 반대 방향의 움직임에 의해 크게 영향 받을 수 있음을 보여주었다. 실제로 확증편향의 자기중심적 왜곡은 자신과 대립되는 견해를 가진 사람들이 있을 때 더욱 강화된다. 그들에 대한 부정적인 정보가 있으면 그 하나로 열을 부정적으로 유추하고, 긍정적인 정보가 있으면 무시해버린다. 우리 사회에서 이런 현상을 어렵지 않게 찾아볼 수 있다. 우파와

좌파로 나뉜 정치성향이 대표적인 예다. 사람들은 같은 내용의 언론 보도를 보고도 그들의 정치성향에 따라 다른 해석을 내놓는데, 이 역시 확증편향의 작용 때문이다. 정치성향이 같다 해도 지지하는 정치인이 서로 대립하면 어김없이 확증편향이 작용하여, 자신의 진영은 옹호하고 상대방은 깎아내린다.

필자는 진료실에서 극단적 정치성향이 자신의 정신건강을 해치는 환자들을 가끔 접한다. 주로 정부 여당과 반대의 정치성향을 지닌 분들이 현안에 대해 과도한 증오와 분노를 표현하는 경우다. 그런 분들은 처음에는 개인적인 스트레스에 따른 고통을 호소하다가 어느새 표적이 정치 상황으로 옮겨가고, 이야기는 결국 고통에서 헤어 나올 방법이 없다는 쪽으로 흘러간다. 그분들의 무의식을 분석해보면 확증편향의 작용이 눈에 보인다. 직접적인 진실이 노출되었을 때 분노의 게이지는 더욱 올라갈 뿐이다. 그래서 필자는 환자의 확증편향에 동참하는 쪽을 택한다. 그런 공감으로 필자 또한 같은 정치성향의 말로 동조한다. 정부가 바뀌면 불만을 표현하는 환자들의 진영도 바뀐다. 그들과 공감해야 할 필자의 처지도 마찬가지다. 그래서인지 좌우를 넘나들 수밖에 없다.

이념적 대립, 종교적 대립, 이성 혐오의 대립, 세대 간 대립 등등, 양극화에 따른 대립과 갈등이 존재하는 곳에는 어김없이 확증편향이 작용한다. 우리는 흔히 대립의 어느 한 편에 서 있으면서도 자신은 객관적 사실만을 말한다고 믿는다. 그러나 확증편향의 현상은 이러한 믿음이 반드시 참이 아닐 수 있음을 알려준다. 객관성만을 추구하는 과학자들의 세계조차 예외가 아니다. 과학은 아직 밝혀지지 않은 미지의 자연현상을 탐구하는 영역이다. 과학자들은 실험의 계획과 실행을 반복함으로써 미지의 현상에 대한 자신의 견해를 확장해 나간다. 공통의 관심사에 서로 다른 접근을 한 과학자들 사이에는 대립적 견해가 생기기 마련이다. 불가피한 대립은 불가피한 확증편향을 낳는다. 이성적이어야 할 과학자들이 감성적으로 대립해 다투는 이유가 여기에 있다.

하나를 보고 열을 알 수는 없다. 대립관계의 위치에 따라 확증편향은 더욱 증폭된다. 때문에 감정적 대립을 최소화하여 미루어 짐작하는 일을 그칠 일이다.

주석

* Nature Communications

# 23  양심의 경로
### —장이 중요해도 구더기는 구더기다

'구더기 무서워서 장 못 담그랴'는 속담이 있다.

방해되는 일이 있더라도 할 일은 해야 한다는 뜻이다. 사실 간장을 만드는 과정과 구더기의 실물을 보지 않은 사람은 이 속담의 참뜻을 이해하기가 쉽지 않다. 위생적인 수세식 화장실을 쓰고, 장도 위생적인 환경과 관리 속에서 만들어내니 더 이상 속담의 장면을 실제로 보기는 어려운 일이다.

### 과정보다는 결과

필자는 어린 시절에 명륜동 산동네에 살았는데 마당에는

장독이 있었고, 변소는 집과 떨어져 대문 옆에 있었다. 변소에 쌓인 변 위에 파리의 유충인 구더기들이 우글거리는 광경을 보면서도 혐오스럽지만 당연한 것처럼 여겼다. 그런데 어느 날 장독대에서 경험했던 충격적 장면이 지금도 생생하다. 장을 담그는 독에 메주와 숯이 가득 들어 있었는데, 그 위에 변소에서 늘 보던 구더기들이 득실득실한 것이었다. 놀라서 기겁하여 어머니에게 알렸지만 어머니는 파리가 변소에만 가냐면서 당연한 거로 호들갑 떤다고 야단을 맞았다. 지금도 잊지 못하는 어머니의 손맛은 그렇게 담근 간장과 된장이 들어간 음식들이었다. 구더기가 무서워서 장을 담그지 않았다면 그런 맛있는 음식을 먹지 못했을 것이다.

결국 이 속담에는 과정보다 결과가 중요하다는 의미가 담겨 있다. 무슨 일을 추진하는 과정에서 악용의 소지가 있거나 부작용이 발생하는 일이 있다는 이유로 아예 추진하지 않으면 결과가 존재하지 않을 것이니, 그 결과의 부재가 과정상의 악용이나 부작용보다 훨씬 큰 문제를 야기할 것임을 주장할 때 흔히 이 속담이 인용된다. "구더기 무서워서 장 못 담그는 누를 범해서는 안 된다"고 말하는 식이다. 교통사고를 가장한 가짜 환자가 득실거린다고 자동차보험

제도를 없앨 수는 없다. 주가조작을 일삼는 투기꾼들이 득실거린다고 주식시장을 폐쇄할 수는 없다.


### 결과 지상주의와 양심

우리 사회에는 과도한 결과 지상주의에 따라 잘못된 과정이 필요악으로 합리화되는 경우가 흔하다. 생각해보면 장이 아무리 맛있다 한들 구더기는 구더기다. 구더기가 득실거려야 장이 맛있어지는 것도 아니다. 현대적 위생 제조법을 적용하면 구더기 없이 얼마든지 맛있는 장을 만들 수 있다. 그러니 구더기가 생기는 과정상의 잘못은 수정되어야 마땅하다. 우리 사회에서 결과 지상주의에 개입되는 잘못된 과정은 대개 도덕적 해이다. 가짜 환자나 투기꾼의 사례가 그렇다. 돈만 벌면 그만이라는 결과를 얻기 위해 양심은 마음의 한 구석에 몰아 가둬둔다. 그러면서 자신을 융통성이 뛰어난 사람으로 합리화한다.

사실 양심적인 사람은 융통성이 부족하기는 하다. 양심이란 사람이 자신의 행위나 의도의 의미를 도덕적 의무감과 관련지어 파악하는 의식이다. 그래서 양심적인 사람은 도덕적 해이에 타협하지 않고 고지식하게 사회규범을 지키려 하니 융통성이 없게 보일 수밖에 없다. 양심적인 사람은 강박적이기도 하다. 질서, 규칙, 정확성, 완벽함, 세밀함 등에 집착하는 경향이다.

필자의 진료실을 매달 방문하는 양심의 끝판왕이 있다. 35세 직장인 H씨로 강박장애 환자다. 직장에서는 열심히 일 잘하는 사람으로 인정받고 있지만, 정작 환자 자신은 끊이지 않는 강박사고 때문에 괴로워한다. 자동차 옆을 지나쳤으면 자신이 차에 흠집을 내지 않았을까, 대중교통을 이용했으면 자신의 몸이 어떤 여성의 몸에 닿지 않았을까, 화분에 물을 줬으면 물이 튀어 전기줄에 닿지 않았을까 걱정한다. 단순한 걱정 수준이 아니다. 흠집 때문에 배상해야 하지 않을지, 성추행으로 고소당하지 않을지, 누전으로 불이 나지 않을지까지 걱정한다. 사실 환자의 습관과 행동을 보면 '법 없이도 살 사람'이라는 표현이 딱 어울린다. 워낙 양심적이어서 조금이라도 비도덕적 행동을 할 사람이 아니다. 그러나 그 양심에 대한 집착이 과도하여 범할 것 같지 않을 실수까지 두려워하며 자책을 많이 한다.

양심과 밀접하게 연결되는 자의식으로 수치심과 죄책감이 있다. 양심이 제대로 작동하는 사람이라면 도덕적으로 옳지 않은 행위를 했을 때 이런 감정을 느끼게 된다. 수치심은 자기 자신에 대한 내부 귀인과 관련되어 무가치함, 열등감, 무능함의 감정을 불러일으켜 자기중심적 고통을 겪게 한다. 이에 비해 죄책감은 행동 귀인과 관련되어 타인에 대한 공감에 어긋난 행동으로 상처를 준 것에 대한 회한과 우려로 타인 지향적 고통을 겪게 한다. 이런 자의식들은 정서 발달 측면에서 이미 2세 이전에 자신과 타인을 구별하는 자기평가 능력의 발달과 동시에 생겨난다. 도덕적으로 옳음을 유지하려는 양심의 소리는 자신의 충동을 억제함으로써 타인의 권리 및 필요에 자신을 맞추는 사회적 규제자 역할을 하기 때문에 친사회적 행동의 촉진과 적응적 대인관계의 유지에 매우 중요하다.

수치심과 죄책감은 이렇듯 지향 방향이 각각 자신과 타인으로 다르므로 정서 자극에 따른 뇌 반응도 서로 다르다. 예를 들어, 멜버른대학교 연구진이 2016년에 국제학술지*에 발표한 바에 따르면, 수치심은 집행 통제의 중추(바깥쪽 전두피질)와 강화 학습의 중추(뒤쪽 대상피질)의 활성과 관련되는 반면에, 죄책감은 정서통제의 중추(무릎아래 전두피질)와 마음 이해 중추(측두-두정엽 접합부)의 활성과 관련된다.[42] 그런데 이러한 뇌 영역들은 모두 흔히 우울증에서 이상을 나타내는 뇌 영역과 일치한다. 이는 수치심이나 죄책감 같은 자기 비난 감정이 지나치게 반복될 때, 뇌에서 기분 조절 영역에 과도하게 부담을 주어 우울증이라는 부정적 결과를 초래할 수 있음을 시사한다.

## 양심을 지키는 우울과 강박의 순기능

실제로 강박적 성격의 소유자는 우울증에 걸리기 쉽다. 필자의 경험으로 중년 이후 우울증이 생겨 진료실을 찾은 환자들의 성격을 살펴보면 강박적인 경우가 제일 많다. 이는 우울증의 역학에 대한 통계에서도 확인되는 사실이다. 성공적 삶을 살아왔다고 자타가 인정하던 사람이 왜 우울증에 빠지게 될까? 성공과 우울의 공통으로 강박이 작용하기 때문이다. 강박적 성격의 소유자는 꼼꼼함과 성실함이 생활화되어 있어 사회적 성공을 이룰 가능성이 크다. 반면에 양심의 가책에 따른 수치심과 죄책감으로 자신을 채찍질하니 우울한 감정에 빠질 가능성도 크다. 이런 분들은 장을 성공적으로 담갔어도 과정에 구더기가 있었다면 성공을 기뻐하기보다 구더기를 예방하지 못한 자신을 탓한다.

그래서 필자는 인간적인 면에서 존경스러운 강박장애나 우울증 환자분들을 진료실에서 만날 수 있음에 감사한다. 성공해서 존경한다기보다는 양심을 지키고 정직함과 성실함을 갖추었다는 점에서 존경스럽다. 그분들 스스로는 수치심과 죄책감에 자학하는 경향이지만, 그 근원이 양심을 지키려고 한 것이었다는 점에서 존중받아 마땅하다. 그런 그분들의 자존감을 올려주기 위해 필자가 흔히 사례로 올리는 분이 있다. 미국 16대 대통령 에이브러햄 링컨이다. 그가 실제로 우울증을 심하게 겪은 환자였기 때문이다.

필자는 과거 미국 일리노이주 스프링필드에 있는 링컨의 생가와 묘지를 방문한 경험이 있다. 거기서 링컨이 매우 불우한 환경에서 어린 시절을 보냈지만 아주 양심적이고 정직한 성격의 소유자였음을 알게 되었다. 젊어서 거듭된 실패로 엄청난 빚에 시달렸지만 정직과 근면으로 시련을 극복하였고, 이 점을 인정받아 정치인이 되었다는 것도 알게 되었다. 그저 필자의 추정이지만 그의 완벽주의로 인해 양심적으로 실천하려던 성격이 화근이 되어 우울증에 빠지기도 했고, 또 그런 성격이 노예 해방이라는 정치적 성공의 원동력이었을 수도 있다. 링컨의 유명한 게티즈버그 연설에서 '국민의 국민에 의한 국민을 위한 정부'란 정치인으로서 링컨의 양심 표현이자 링컨식 완벽주의의 표현이었을 수 있다.

**지혜의 발견 23**

장 담그는 일이 아무리 중요해도 구더기는 없어야 한다. 진정한 성공은 양심에 기반한 것일 때 그 가치가 빛난다.

주석

* Neuroscience & Biobehavioral Reviews

# 24 본능억제 신경회로
—꼴뚜기는 망신의 대상이 아니다

    꼴뚜기가 다른 생선들과 같이 진열되어 있을 때 볼품없는 모습을 빗대어, 못난 사람이 같이 있는 동료까지 망신시킨다는 뜻으로 '어물전 망신은 꼴뚜기가 시킨다'는 속담이 있다. 과일 중에서 모과가 겉모습이 볼품없음을 빗대어 똑같은 뜻으로 '과일전 망신은 모과가 시킨다'는 말도 있다. 사람들이 이 속담을 인용하는 경우는 대개 조직 구성원의 어느 누가 품위 없는 행동을 해서 조직 전체의 격을 떨어트릴 때다.

## 집단 형성의 기준

품위는 사람이 갖추어야 할 위엄이나 기품이다. 절제된 행동과 표정, 반듯한 자세와 단정한 옷차림, 차분한 말투, 교양 있는 말과 표현 등이 포함된다. 조지 워싱턴은 이에 대해 ≪사교와 토론에서 갖추어야 할 예의 및 품위 있는 행동 규칙≫이라는 저서를 통해 무려 110가지의 지침을 정리하여 주창한 바 있다. 시대와 지역이 다르기는 하나 그 지침들 대부분이 현재 우리에게 적용해도 별 무리가 없을 정도다. 조직 구성원들이 모두 품위를 잘 갖춘다면 그 조직의 품격은 올라갈 수밖에 없다. 그러나 하나라도 품위 없는 행동으로 문제를 일으키면 조직 전체의 품격에 문제가 생길 수 있다. 속담은 그 점을 경고한다.

그런데 이 속담은 알고 보면 치명적인 모순을 갖고 있다. 바로 외모만으로 볼품없다면서 무시하고 차별한다는 것이다. 이야말로 품위 없는 행동이다. 조지 워싱턴도 행동 지침 중의 하나로 '외모의 결점을 모욕하지 말고, 그런 결점을 가진 이를 비웃지 마라'고 하였다. 꼴뚜기는 오징어 모양의 연체동물로 사람 손가락 크기 정도로 작다. 태생적으로 작은 게 꼴뚜기의 잘못은 아니다. 오징어도 문어 옆에 진열해 놓으면 작은 것은 마찬가지다. 단지 작다는 게 볼품없다고 무시당할 일은 아니다. '작은 고추가 맵다'는 속담이 있다. 작다고 무시하지 말라는 의미인데, 역으로 해석하면 작으면 그만큼 무시하는 게 현실이라는 말도 된다.

사실 작은 꼴뚜기를 볼품없게 보는 것은 어물전 주인의 시각은 아니다. 주인이 그렇게 봤다면 자기 가게를 망신시키는 물건을 진열했을 리 없다. 그렇게 보는 것은 같이 진열된 큰 물고기들의 시각이다. 물고기들이 크기를 기준으로 그들끼리 집단을 형성해서 자그마한 꼴뚜기를 볼품없다고 무시한 것이다. 물고기들의 크기 기준처럼 사람도 별의별 기준으로 집단을 형성하는 속성이 있다.

## 집단 분류의 기능은 인간 뇌의 기본 능력

우리와 타인을 서로 다른 집단으로 분류해 구별하는 기능은 인간 뇌의 기본 능력이다. 사람들은 다른 사람을 보면, 곧바로 내집단(in-group)인지 외집단(out-group)인지 무의식적으로 판별한다. 그 집단은 성별, 인종, 출신, 단체 등과 같이 분명하게 분류되는 것도 있고, 머리 색깔, 안경착용 여부, 옷 입은 스타일 등 아주 사소하게 눈에 비치는 모습일 수도 있다. 무의식적 집단 형성의 속성은 미국 뉴욕대학교 연구진이 2011년 국제학술지*에 발표한 연구결과에서 잘 드러난다.[43] 연구진은 먼저 MRI 촬영 전에 피험자에게 같은 팀 혹은 상대 팀으로 무작위 할당된 많은 수의 타인 얼굴 사진을 보여준 후, 팀 소속을 기억하도록 했다. 이후 피험자들이 그 얼굴들을 다시 차례로 보면서 자기 팀 여부를 판별하는 동안 MRI를 촬영했다. 그 결과, 얼굴인식 중추(방추형이랑)의 활성이 상대 팀이나 무소속의 얼굴을 볼 때보다 자기 팀의 얼굴을 볼 때 훨씬 더 강하게 나타났다. 이렇게 실험 상황에서 자의적으로 팀을 나누어도 우리의 뇌는 내집단과 외집단의 사이에서 인식 차이를 드러낸다.

### 인종차별은 내재된 편향적 정서 반응

이러한 인식의 차이는 흔히 내집단에 대해서는 협력하고, 외집단에 대해서는 경계하는 식의 행동적 차이로 이어질 수 있다. 내집단과 외집단의 구별은 집단적 대응을 유리하게 한다는 점에서 생존을 위해 우리의 뇌에 장착된 진화적 기전일 수 있다. 그러나 모두가 조화롭게 살아가야 하는 현실 상황에서는 외집단에 대한 부정적 편견과 차별적 대응이라는 부작용을 낳아 사회적으로 문제가 된다. 대표적인 예가 인종차별이다.

인간의 뇌가 인종 측면의 내집단과 외집단에 대해 차별적으로 지각한다는 사실은 실험을 통해 증명되어왔다. 중국 심천대학교 연구진이 2015년 국제학술지**에 발표한 연구가 있다.[44] 연구진은 중국인 피험자들에게 중국인과 흑인 얼굴들을 무작위로 보여주면서 유쾌/불쾌 여부를 판정하는 동안 MRI를 촬영했다. 그 결과, 흑인 얼굴에 불쾌 반응의 경우가 중국인 얼굴에 불쾌 반응의 경우보다 혐오 중추(섬엽)와 공포 중추(편도체)의 활성이 더 강했다. 이 결과는 같은 불쾌 반응이라도 다른 인종의 얼굴에 대해 뇌가 혐오와 공포의 정서를 더 많이 나타내는 방향으로 작동한다는 것을 알려준다. 이런 기능이 작동하게 되면 사람들은 다른 인종의 부정적 감정을 더 쉽게 감지하며, 모호한 표정에 대해 더 부정적으로 인식한다. 결국, 사람의 뇌에는 인종에 대한 편향적 정서 반응이 내재해 있다는 말이 된다. 이런 본능적 반응이 여과 없이 표출될 때 인종차별의 문제로 이어질 수 있다.

## 차별은 본능억제 신경회로의 문제

물론 사람은 차별 본능 말고도 다른 수많은 본능이 뇌에 심어져 있다. 다행히 사람이기에 그런 본능을 억제하는 기능 역시 뇌에 장착되어 있다. 우리 뇌의 전두엽에는 사전제어 시스템이 있어서 충동적 행동이 외부로 표출되기 전에 주의, 지각 및 운동 체계를 조절하여 예상되는 방식으로 인지적 통제를 가한다. 그래서 수많은 본능이 적절히 제어되어 사회적 규범에 맞는 행동을 하게 된다. 이런 본능억제 신경회로의 활발한 활동이 동물의 뇌와 인간의 뇌 사이에 근본적 차이점이다. 무시와 차별의 적나라한 표현은 결국 본능억제 신경회로가 제대로 활동하지 않은 결과다.

인종차별에 대해 자세히 말했지만, 우리 사회에 다른 차별도 참으로 많다. 무의식적으로 어떤 식으로든 내집단과 외집단을 분류하는 속성에 따라 내집단은 수용하고 외집단은 배척당하니 차별의 문제가 곳곳에서 나타난다. 지역차별, 학력차별, 종교차별, 남녀차별, 성소수자 차별, 비정규직 차별, 장애인 차별 등등. 사회적으로 논쟁거리가 되는 차별의 종류도 많지만 우리 생활 곳곳에 일일이 열거할 수 없는 수많은 다른 차별들이 존재한다. 너무 많다 보니 차별도 차별 나름의 서로 다른 속사정이 있고, 차별과 정당한 구분 사이에 경계가 모호한 영역도 있어서, 차별금지라는 공통의 언어로 차별 행동을 억제하는 데 상당한 어려움이 따른다.

이러한 차별의 문제가 집단 사이에만 있는 것은 아니다. 개인 사이에도 존재한다. 부모자식의 관계가 한 예다. 부모 대부분은 자식들 사이에 차별을 두지 않으려 노력한다. 그러나 불안증이나 우울증이 생겨 필자의 진료실을 방문한 어린 환자들의 상당수는 자신이 차별을 받았다고 말한다. 나이가 지긋한 환자들도 가끔 비슷한 호소를 한다. 연로한 부모가 다른 자식만 끼고돌아 재산 분배에서 차별을 당해 화병이 생겼다고 말한다. 이런 가족 간의 문제를 깊이 들여다보면 똑같이 나누는 공평에 대해 쉽게 말하기 어려운, 복잡하고 미묘한 감정적 이슈들이 존재하는 것을 알 수 있다.

차별의 문제가 복잡 미묘하기는 하지만, 분명한 사실은 집단이든 개인이든 항상 강자와 약자로 나뉜다는 것이다. 차별로 우위를 확인하고 지키려는 강자와 차별을 당해 억울한 대가를 치러야 하는 약자다. 해결의 열쇠는 강자 쪽에 있다. 차별 유지가 당장에는 이득처럼 보일지 몰라도, 더 크게 보면 차별 철폐가 내게 더 큰 이득이라는 인식전환이 필요하다.

주석

∗ Journal of Cognitive Neuroscience

∗∗ Human Brain Mapping

## 25  일반화의 오류
### —미꾸라지는 억울하다

'미꾸라지 한 마리가 온 웅덩이를 흐린다'는 속담이 있다.
이는 미꾸라지 하나가 요동을 쳐서 웅덩이를 흙탕물로
만들어놓는다는 것으로, 한 사람의 잘못이 조직 전체에 나
쁜 영향을 끼치는 경우를 비유적으로 이르는 말이다. 미꾸
라지가 사는 곳은 물 흐름이 느리거나 고여 있어서, 바닥에
진흙이 깔린 강 하류, 연못, 논, 늪 등이다. 그런 진흙 바닥에
서 온몸을 좌우로 흔들며 헤엄치는 습성이 있다. 그러니 미
꾸라지가 요동을 치면 물이 흐려질 수밖에 없다.

## 성급한 일반화에 의한 편견

우리 사회에는 미꾸라지처럼 행동해서 조직을 어지럽히는 사람이 있다. 그런 사람이 조직에 생겨나면 하나의 가해자와 다수의 피해자 나타나는 구조가 형성된다. 그 조직이 크다면 가해자에 대해 어떤 식으로든 조치하여 수습하고 넘어가나, 조직이 작은 경우에는 조직 자체가 와해될 수 있다.

조직은 미꾸라지의 분탕질에 의해서만 피해를 받는 게 아니다. 2차 피해도 있다. 분탕질로 생겨난 조직에 대한 편견이 바로 그것이다. 조직 구성원의 하나가 일탈을 일으키면 사람들은 그 조직의 사람들이 다 그럴 거로 생각한다. "xx 놈들이 다 그렇지 뭐"라는 식이다. 소위 성급한 '일반화'에 의한 편견이다. 일탈의 사건들이 워낙 많다 보니 성급한 일반화의 예도 너무 많아서 여기서 어느 하나를 말하기가 어색할 정도다.

조직의 피해와 조직에 대한 편견 말고도 전혀 다른 관점에서 피해와 편견에 대해 생각해볼 여지가 있다. 서양에도 의미가 비슷한 속담이 있다. 'One rotten apple spoils the barrel', 썩은 사과 하나가 통 전체의 사과를 썩게 한다는 뜻이다. 흐려진 웅덩이나 썩은 사과로 가득 찬 통이나 망가졌다는 결과는 비슷하다. 그런 결과를 예방하기 위해 원인을 제거하려면 웅덩이에서는 미꾸라지를 쫓아내야 하고, 사과 통에서는 썩은 사과를 가려내 버려야 한다.

그러나 미꾸라지는 억울하다. 썩은 사과는 에틸렌을 뿜어내 다른 사과를 썩게 했지만, 미꾸라지는 자기가 살던 곳에서 하던 대로 했을 뿐이다. 게다가 통 안의 썩은 사과들은 모두 버려야 할 상태가 되지만, 흐려진 웅덩이는 시간이 지나면 다시 맑아진다.

미꾸라지가 사는 곳은 애초에 청정의 호수가 아니다. 쉽게 흙탕물이 되는 진흙이 깔린 물이다. 더러운 물에서도 살 수 있도록 장으로 공기 호흡을 할 수 있어 산소가 부족해도 잘 견딘다. 먹이는 진흙 속의 생물을 먹고, 웅덩이가 말라 물이 없어지면 진흙으로 들어가 휴면을 한다. 그러니 진흙도 알고 보면 그리 더럽지 않다. 논에 깔린 진흙은 벼가 자랄 수 있는 영양분의 보고다. 진흙에는 미네랄이 풍부해 의약품이나 화장품 개발에도 사용된다. 일부 국가에서는 그 진흙을 정수기의 필터로 사용할 정도다. 이런 미꾸라지와 웅덩이의 속성을 생각하면, 웅덩이를 흐렸다는 질책은 미꾸라지의 관점에서 애초에 어불성설이다.


### 왕따는 편견에 의한 일반화의 오류일 뿐

우리 사회에서도 이런 식의 억울함을 당한 사람들이 있다. 왕따가 대표적인 예이다. 왕따의 피해자는 웅덩이의 미꾸라지처럼 자기가 하던 대로 했을 뿐이다. 썩은 사과처럼 남에게 피해를 준 바도 없다. 그런데도 일부 가학적 집단에 의해 일방적 피해자로 몰린다. 사소한 상황이라 할지라도 일단 따돌림을 받았을 때 기분 나빠하지 않을 사람은 없다. 장기간 심하게 왕따를 당하면 기분 나쁜 정도를 넘어 심리 상태에 심각한 수준의 문제가 생긴다. 왕따의 피해자는 고립되어 자신감을 상실하고, 자책과 자학적 사고에 빠지며, 심해지면 우울증이나 외상후 스트레스장애 같은 정신병리 상태가 된다.

왕따가 뇌의 변화도 일으킨다는 것은 많은 뇌과학적 연구를 통해 실증되어왔다. 이 연구들에서 일관되게 발견된 사실은 따돌림을 받는 동안 혐오감 중추(섬엽)와 정서통제 중추(무릎아래 전두피질)의 활성 증가다. 둘 다 우리 뇌에서 부정감정이 극대화될 때 작동하는 영역이다. 뇌과학 실험에서 왕따를 재현하는 방식은 사이버볼게임이다. 피험자가 화면에 보이는 아바타들과 공을 주고받는 게임을 하는데, 따돌림 상황이 되면 피험자에게 공이 오지 않는다. 아주 간단한 실험적 게임으로 따돌림 상황을 재현했을 뿐인데도 보통의 일반인에서 혐오감과 정서통제의 중추가 활성을 일으키는 것을 보면, 왕따 피해자들은 이 중추들에 얼마나 심각한 변화가 일어나게 될지 미루어 짐작할 수 있다.

이런 왕따의 심리적 후유증은 일시적으로 끝나지 않는다. 당장의 문제가 해소되었다고 하더라도, 그 아픈 상처는 기억에 남아 훗날까지 영향을 미친다. 이는 필자가 진료실에서 흔히 경험하는 사실이다. 불안증이나 우울증 치료를 위해 진료실을 찾은 환자들의 병력을 문진하는 과정에서 과거 학창시절 왕따를 당했던 경험 이야기를 듣는 게 드물지 않다. 왕따는 셋 이상의 집단이면 어디든 발생할 수 있다. 학교에서의 청소년 문제로 우리 사회에 드러났지만, 군대, 직장, 교회 등 성인사회에서도 발생하고 있다. 왕따가 되는 사람은 보통과 다른 어떤 특성이 있다거나, 심지어 왕따의 원인을 피해자에게 돌리는 예도 있다. 이는 대개 가해자의 합리화에 불과하다. 인간사회는 다양성의 사회다. 다름이 당연하다. 다름을 가진 사람이 남에게 피해를 주지 않는 한, 왕따 당할 어떤 이유도 존재할 수 없다.

다른 한편으로, 왕따와 구별해야 할 상황이 있다. 한 사람이 가해자 없이 본인 스스로 집단에 어울리지 못한 경우나 집단에 피해를 줘서 어쩔 수 없이 배제를 당한 경우다. 이런 경우는 상황의 전개 과정이 왕따와 전혀 다르므로 별개로 고려되어야 한다. 그러나 실제 상황에서는 그 사람 혹은 제삼자가 이 또한 왕따라고 주장하여 문제 해결이 복잡해지는 경우가 발생한다. 이런 별개의 상황들은 다시 실제 왕따의 상황에 인용이 되면서, 왕따의 피해자가 오히려 가해자로 공격당하는 황당한 상황까지 발생한다. 인간사회는 참으로 뒤죽박죽이다.

### 정서적 지지가 필요한 왕따 피해자들

왕따의 피해자들이 일말의 희망마저 잃고 완전한 절망에 빠지는 순간이 있다. 2차 피해가 그것이다. 왕따 사실이 알려질 때, 피해자인 본인은 지지를 받고, 가해자들은 처벌을 받을 것으로 기대한다. 그러나 현실은 그렇지 않은 경우가 많다. 지지한다면서도 이해와 화해를 강요한다. "네 잘못도 있다"면서 죄인 취급하기도 한다. 이런 2차 피해의 상황이 되면 피해자들은 가해자들로부터의 고립을 넘어, 세상 전체로부터의 고립감에 빠지게 되고, 그래서 더욱 심각한 정신병리 상태로 발전될 수 있다.

오스트리아 비엔나대학교 연구진이 2019년 국제학술지*에 발표한 논문을 보면,[45] 이러한 2차피해의 원리에 대한 짐작이 가능해진다. 연구진은 사이버볼게임에서 따돌림 당한 후 마음으로 공감해주는 정서적 지지와 객관적 사실을 알려주는 평가적 지지를 제공한 후 뇌 반응을 측정했다. 그 결과, 정서적 지지가 혐오감 중추(섬엽)의 활성을 감소시킨 반면, 평가적 지지는 정서통제 중추(무릎아래 전두피질)의 활성을 증가시켰다. 혐오감의 중추는 따돌림 당할 때 활성화되는 뇌의 영역인데, 정서적 지지가 이를 감소시켰다는 결과는 왕따의 피해자에게 진심 어린 공감이 얼마나 도움을 주는지 알려준다. 반대로 평가적 지지로 객관적 사실만 알려주는 상황은 피해자에게 오히려 2차가해로 인식될 수 있다. 그래서 따돌림 당할 때 활성화되는 뇌 영역인 정서통제 중추가 오히려 더욱 활성화된 것이다. 억울한 사람에게 먼저 필요한 것은 이성적 시시비비가 아니라 정서적 공감이다.

---

**지혜의 발견 25**

미꾸라지는 억울하다. 그저 살던 대로 했을 뿐인데, 주위에서 일반화의 오류에 얽매여 혐의를 씌웠으니. 나는 그 오류의 대열에 끼지 않았는지 살펴볼 일이다.

---

주석

* Social Cognitive and Affective Neuroscience

# 26 정신건강의 낙인과 부정편향
## —목마르지 않아 보여도 우물은 필요하다

'목마른 놈이 우물 판다'는 속담이 있다.

무슨 일이건 필요로 하는 사람이 그 일을 서둘러 하게 되어 있다는 말이다. 필자의 이력 중에 이 말과 일치하는 경험이 있다. 이 책에서 소개하는 뇌과학 연구들은 대부분 MRI로 뇌를 탐구하는 실험적 뇌기능매핑의 사례들이다. 지금은 이 방면의 과학자가 국내외에 그 수를 특정할 수 없을 정도로 정말 많다. 하지만 20년 전 국내 상황은 그렇지 않았다. 연구자가 얼마 없었고, 누가 그런 연구를 하는지도 서로 몰랐으며, 연구를 도와줄 지원기관도 없었다. 그때 같은 연구 분야의 서울대병원 교수님 한 분과 식사를 하면서 고민을 나누던 중에 "목마른 놈이 우물을 파는 법이니 우리가 우물을 파자"고 결의했다. 그 첫 작업이 국내 연구자들의 학술적 교류를 위한 학회 만들기였고, 그 일을 시작으로 우리 둘은 2002년에 창립한 '대한뇌기능매핑학회'의 출범을 주도하게 되었다.

### 질환 관리에 대한 두 개의 시각

필자의 예처럼 일을 필요로 하는 사람이 먼저 그 일은 하게 된다는 이치는 우리 생활 곳곳에서 찾아볼 수 있다. 개인사도 마찬가지여서 특히 건강 관리 문제에 이런 이치가 작용한다. 우리는 평소 건강할 때는 건강의 소중함을 모르고 살다가 병에 걸려 호되게 고생하면 뼈저리게 느낀다. 주변인이 어떤 중병에 걸려 시련을 겪는 모습을 보면 본인도 그런 병에 걸리지 않을지 심각하게 걱정한다. 그래서 불편함이 생겨 건강에 목마르게 되면 바로 병원을 찾게 된다.

그러나 불편한 데도 병원을 찾지 않는 사람들이 있다. 그 불편함이 병원에 가서 해결될 일이 아니라고 생각하는 사람들이다. 정신질환이 그런 경우다. 정신질환은 뇌라는 신체의 기능 이상에 기인한 병이어서 사실 원리적으로 신체 질환과 별 차이가 없다. 그러나 웬만큼 심해지기 전에는 병이라 생각하지 않는다. 게다가 신체질환은 언제든 자신에게 생길 수 있는 것이라고 우려하나 정신질환에 대해서는 그렇게 생각하지 않는다. 오히려 정신질환자들은 뭔가 다르다고 차별하고 위험하다고 낙인을 찍는다. 이런 영향으로 정신질환의 초기증상이 찾아와도 병원에 가기를 꺼린다. 목마름을 부정하니 스스로 우물 팔 이유를 느끼지 않는 것이다.

### 정신건강의 의미

사람들이 정신질환과 신체질환에 대해 이렇게 다른 관점을 갖는 근원을 사람들의 뇌에서 찾은 연구가 있다. 앞에 소개한 대로 필자와 함께 학회 창립을 주도했던 분의 연구실에서 2020년에 국제학술지*에 발표한 연구가 그것이다.[46] 연구진은 정상인 피험자들이 본인, 신체질환자, 정신질환자 등 세 가지 관점에서 어떤 사회적 지지를 원하겠는가를 판단하는 동안 MRI를 촬영했다. 그 결과, 신체질환자의 관점은 본인의 관점과 비슷하게 평가했고, 그런 평가는 사회적 가치 평가의 중추(아래안쪽 전두피질)의 활성과 연관되었다. 반면에 정신질환자의 관점은 본인의 관점과 다른 식으로 평가했고, 그런 평가는 공감적 고통의 중추(앞쪽 대상피질, 섬엽)의 활성과 연관되었다. 이런 결과는 뇌에 기반한 감정반응에서부터 사람들이 신체질환자에 대해서와 달리 정신질환자에 대해 공감은 하되, 본인의 처지와는 다를 것이라 느끼고 있음을 알려준다.

실험을 소개하면서 '정상인 피험자'라는 용어를 사용했다. 여기서 정상이라 함은 신체적, 정신적으로 병이 없이 건강함을 의미한다. 뇌과학 실험 전에 건강함을 확인하기 위해 대대적인 검사를 할 수는 없어서, 대개 피험자와의 인터뷰를 통해 병을 앓고 있지 않음을 확인한다. 그런데 여기서 근본적 의문이 생길 수 있다. 건강함이란 과연 어떤 상태를 두고 하는 말인가?

세계보건기구(WHO)의 간략한 정의에 따르면, 건강함이란 신체적, 정신적, 사회적으로 완벽하게 안녕한 상태다. 신체에 병이 없는 것만으로는 건강하다고 할 수 없다는 말이다. WHO는 정신건강에 대해 좁은 의미로는 정신질환이 없는 상태, 넓은 의미로는 여러 측면의 정신 요소들이 적절하고 조화롭게 갖추어진 상태라고 정의했다. 그리고 이러한 요소로는 주관적 안녕감, 자기효능감의 느낌, 자율성과 유능성 욕구의 충족, 세대간 조화, 지적/정서적 잠재력의 자기

실현 및 능력의 현실화, 일상적 생활 스트레스에 대한 적절한 대처, 생산적인 직업 활동 및 지역 사회에 대한 공헌 등이 예시되었다. 이 넓은 의미의 정신건강 기준을 엄격하게 적용할 때, 이 지구 상의 어느 누가 감히 자신이 정신적으로 건강하다고 말할 수 있을까? 그렇다면 사람들이 정신질환자를 자신과 다르게 인식하는 것 자체가 엄청난 모순이 아닐 수 없다.

인체는 60%가량이 물로 구성되어 있다. 인체는 생명 유지를 위해 항상성이라는 원리가 장착되어 있어서, 몸에 물이 부족해지면 목마름을 느끼게 되어 물을 마시도록 스스로를 유도한다. 그런데 목이 마른 데도 목마름을 부정하면 우물 팔 의지도 없어져 문제가 생기게 된다. 정신질환자들의 병에 대한 인식이 그런 경우다. 그들이 목마름에 대해 부정하는 이유가 이 사회의 낙인에 기인했으니만큼, 우리는 책임을 갖고 우물을 만들어 그들이 자유롭게 물을 마실 수 있게 도와줄 필요가 있다.

## 정신질환에 대한 낙인과 부정적 편향

정신질환에 대한 낙인의 제거는 사실 그리 간단하지 않다. 사회적, 경제적, 제도적 문제가 복잡하게 얽혀 있어서 그렇기도 하지만 사람들의 뇌에 그 편견이 너무나 뿌리 깊게 자리하고 있어서 어렵기도 하다. 이에 대한 실증을 미국 터프츠대학교의 연구진이 뇌과학적 연구를 통해 제시한 바 있다. 2012년 국제학술지**에 발표한 연구에서, 그들은 실험참여자들을 대상으로 사회적 낙인이 심하게 찍힌 표적에 대한 암묵적 편견의 정도를 측정하였고, 그 표적에 대해 정서적으로 반응하는 동안 MRI를 실행함으로써 뇌 반응을 평가했다.[47] 그 결과, 낙인 찍힌 표적에 대해 부정적 감정을 제어하는 동안 전두엽 피질 전체의 활성이 유의미하게 증가하였으며, 이 활성 증가는 암묵적 편견의 정도와 비례했다. 이 결과는 낙인 대상에 대한 부정 감정의 제어가 사람들의 뇌에 과도한 부하로 작용했음을 알려준다. 이런 부하를 피하려 하다 보니, 사람들은 낙인의 대상에 대한 부정적 편향을 그대로 유지하려는 경향이다.

사정이 이렇다면, 낙인 대상과 부정 감정이 서로 연결되는 한 낙인의 해결은 요원하다. 그러므로 정신질환에 대한 낙인의 제거를 위해서는 부정적 인식의 개선이 우선되어야 하고, 인식 개선의 출발점은 우리 누구든 정신질환을 앓을 수 있다는 인식의 보편화다. 이 점에서 치매에 대한 인식이 문제 해결의 선례가 될 수 있다. 사람들은 치매라는 정신질환에 대해서는 예외적으로 본인과 별개의 문제로 인식하지 않는 것 같다. 우리 사회가 점차 노령화됨에 따라 치매 환자가 계속 늘고 있는데, 사람들은 모두 나이가 들면 자신도 치매 환자가 될 수 있다고 느낀다. 그래서 치매 공포가 만연하여 중년기에 들어 불가피하게 따르는 건망증조차 치매의 초기증상이 아닐까 걱정한다. 그 공포로 인해 예방에 목마르다 보니 자발적으로 치매 예방법의 우물 파기가 보편화되고 있다.

게다가 사람들은 단순한 치매 예방 이상으로 자신의 노년기 삶의 질이 최상이기를 바란다. 소위 '곱게 늙기'를 소망하는 것이다. 이에 해당하는 학술적 용어가 '성공적 노화'다. 이는 신체적, 기능적, 사회적, 심리적 건강의 영역을 포

괄하는 다차원적 개념이다. 장애나 질병이 없고, 인지 및 신체적 기능이 높은 수준이며, 사람들과 의미 있는 방식으로 상호교류할 수 있어야 성공적 노화다. 골프 유머 중에 '80세 넘어 골프 칠 수 있는 조건 세 가지'가 있다. 첫째는 돈이요, 둘째는 건강이며, 제일 어려운 셋째는 같이 골프 칠 친구다. 조건 내용이 성공적 노화의 개념과 일맥상통한다. 조건 셋 모두 80세 넘어서 갑자기 획득하기 어려운 것들이다. 젊어서부터 꾸준히 관심을 두고 노력해야 갖출 수 있다. 성공적 노화의 조건 역시 그렇다.

---

**지혜의 발견 26**

목마르게 보이지 않는 사람에게도 우물은 필요하다. 사회적 낙인과 부정적 편향 때문에 우물의 필요를 적극적으로 밝히지 못했을 뿐이므로. 정신건강의 어려움도 그렇다.

---

주석

* Frontiers in Behavioral Neuroscience
** Social Cognitive and Affective Neuroscience

# 27    합리화
―겨 묻은 개나 똥 묻은 개나

'똥 묻은 개가 겨 묻은 개 나무란다'는 속담이 있다.

똥 묻은 개가 겨 묻은 개에게 지저분하다고 짖어대는 상황으로, 더 큰 허물이 있는 사람이 도리어 다른 사람의 작은 허물을 질책할 때를 빗대어 사용한다. 이는 남의 잘못을 들추기 전에 자신의 잘못부터 되돌아보라는 가르침을 준다. 이런 가르침이 필요한 이유는 자기 잘못은 축소시키고, 남의 잘못은 확대시키려는 경향이 우리에게 있기 때문이다. 사람들은 자신의 도덕적이지 못한 행동에 대해서는 어쩔 수 없었던 것으로 합리화하면서, 다른 사람의 같은 행동에 대해서는 의도적이라 여긴다.

이러한 내로남불식 행위자/관찰자의 비대칭은 인간의 뇌 기능에서도 관찰된다. 이는 대만 국립양밍대학교 연구진이 2020년 국제학술지*에 발표한 연구를 통해 실증된 바 있다.[48] 연구자들은 피험자들에게 다른 사람을 돕거나 해치는 상황을 제시하고, 이를 본인이 할 때와 남이 할 때로 나누어 뇌의 반응을 측정했다. 결과는 본인이 비도덕적 행위를 했을 때, 마음 이해의 중추(측두-두정 접합부)와 이성적 사고의 중추(바깥쪽 전두피질)의 활성이 상대적으로 억제되었다는 것이다. 이는 곧, 자기의 비도덕적 행위에 대해 합리화의 방향으로 타인의 마음과 이성적 추리에 문을 닫는다는 말이다.

그렇다고 우리의 뇌가 항상 '내로남불'만 하는 것은 아니다. 남의 잘못을 질책하기 이전에 자신의 잘못을 질책할 수 있도록 자기반성의 장치가 장착되어 있다. 자기관련정보 처리의 중추(안쪽 전두피질)가 그것이다. 이 신경회로는 특별한 과제를 행하지 않는 평상시 상태에서 항상 활성을 유지하고 있다. 그래서 너무 자주이다 싶게 자기반성을 반복한다. 우리의 뇌가 어느 한쪽의 일방적인 기능으로 세팅된 것이 아니라, 양쪽의 기능이 조화를 이루도록 세팅되어 있음은 신이 인간에게 내려준 축복이라 하겠다. 물론 어느 쪽 기능을 더 많이 쓸 것인가는 인간의 몫이다. 내로남불과 자기반성 사이의 선택은 결국 자신에게 달려 있다.

## 질책보다 질책의 태도가 문제

그런데, 이 속담의 앞뒤를 바꿔놓으면 또 다른 의문과 교훈에 도달하게 된다. 겨 묻은 개가 똥 묻은 개를 나무라는 것은 당연하게 봐도 될까? 더 큰 허물이 확실한 상황이니 지적하고 혼내주는 게 맞을 수 있다. 타인의 허물을 그냥 눈감아주는 것은 관대함일 수도 있지만, 무관심과 무책임일 수도 있다. 질책이 책임 있는 행동일 때가 있다는 것이다. 하지만 질책자의 태도에 따라 그 결과가 달라질 수 있다는 게 문제이다. 상대방에 대한 존중을 잃지 않고 마음을 다해 질책하면 상대를 성장시키는 보약이 될 수 있다. 반대로 상대방을 경멸하는 태도로 질책하면, 상대에게 크나큰 마음의 상처를 줄 수 있다.

우리는 가끔 식사 중에 밥풀을 얼굴에 묻히는 실수를 한다. 그런 실수를 본 상대방은 웃으면서 밥풀을 떼라고 알려준다. 당연히 질책은 아니다. 사실 개에게 똥이나 겨는 사람에서는 밥풀일 수 있다. 필자의 집에서 18년을 살다가 세상을 떠난 반려견이 있었다. 평생 고치지 못한 습성 중 하나가 똥을 먹는 식분증이었다. 필자는 반려견이 똥을 먹을 때마다 질책했지만, 개 입장에서는 필자가 식사를 방해한 못된 주인이었을 수 있다. 동물학자들은 개가 똥을 먹는 수많은 이유를 말한다. 그중 하나가 똥에 소화효소와 장내 유익균이 많아 이를 보충하기 위함이라고 한다. 이쯤 되면, 개에게 똥 먹기란 식분증이 아니라 자연스러운 식습관이라는 말이 된다. 겨보다 똥이 더럽다는 것은 사람의 관점이다. 개의 관점에서 보면, 똥 묻은 개이건, 겨 묻은 개이건, 애초에 서로 나무랄 일이 아니었다.

## 질책도 질책 나름이다

우리 사회에도 별로 나무랄 일이 아닌 상황에서 질책으로 일관하는 사람들이 있다. 필자는 가끔 퇴근 후에 프로야구를 시청한다. 어쩌다가 메이저리그를 볼 때도 있다. 필자의 지극히 주관적인 견해일 수 있지만, 한국야구와 미국야구 중계의 가장 큰 차이는 해설자들의 태도에 있다. 미국 방송의 해설자들은 온갖 유머를 섞어가며 흥겨운 분위기를 만들면서, 각종 데이터를 제시하며 상황 설명을 자주 한다. 이에 비해 한국 방송의 해설자는 진지한 어투로 선수들이 해야 할 행동을 예견하고, 그렇지 못함에 대한 질책을 반복한다. 야구 선배인 해설자에게 후배 선수들은 걸음마 중인 아기에 불과하다. 홈런 맞은 투수와 삼진아웃된 타자에만 초점을 두니 질책이 그칠 새가 없다. 그러나 알고 보면 선수들은 우리나라에서 야구를 최고로 잘하는 전문가들이다. 전문가들이 서로의 솜씨를 뽐내는 몇 시간이 질책으로 가득 차는 것은 온당치 못하다. 어차피 스포츠에서 승패는 상대적이다. 타자가 잘 쳐서 홈런을 때렸고, 투수가 잘 던져서 삼진아웃을 시킨 것이다. 그들은 더 존중받아야 한다.

필자는 그런 해설자처럼 질책을 많이 하는 분이 야구단의 감독이 된다면 성공할 가능성이 떨어지리라 본다. 이런 견해의 근거는 오스트리아 잘츠부르크 대학교 연구진이 2016년 국제학술지**에 발표한 논문에 있다.[49] 연구진은 피험자들에게 비판 혹은 존중의 말이 담긴 비디오클립을 보여주고, 기분과 각성이 어떤지 평가하게 하면서 뇌 기능을 측정했다. 그 결과, 비판의 말과 존중의 말 모두 각성도를 상향시키면서, 자기관련정보 처리의 중추(안쪽 전두피질)를 활성화시켰다. 이는 비판이든 존중이든 자신을 채찍질하기에 충분한 정도로 집중력을 올려준다는 말이 된다. 그러나 존중의 말과 달리, 비판의 말은 불쾌 반응을 일으키면서 혐오감의 중추(섬엽)를 현저하게 활성화시켰다. 이런 비판의 상황이 반복된다면 집중력은 일시적으로 증가하겠지만, 반복되는 부정적 감정이 그런 집중력의 효과를 떨어트릴 게 분명하다. 존중의 말로도 집중력을 올려줄 수 있는데 굳이 비판의 말로 역효과를 불러일으키는 일은 현명하지 못한 처사임이 분명하다.

질책의 문제는 간호사 사회의 '태움' 이슈에서 두드러진다. 이 은어는 신규 간호사에 대한 선배 간호사의 교육이 때로 너무 혹독할 때, '영혼이 재가 될 때까지' 괴롭힌다는 의미로 사용된다. 근무인력의 수, 근무형태, 선후배문화 같은 구조적 문제에 공격적 성향이나 인간적 갈등 같은 개인의 문제가 더해져 발생한다. 사실 이런 문제로 신입자가 괴로움을 당하는 일은 다른 직업이나 직무영역의 사회에서도 나타나는데, 유독 간호사 사회에서 심각해진 이유는 환자의 생명과 직결되기에 실수가 용납되지 않는 직업적 특성에 있다.

태움 문제의 해결을 위해서는 구조 개선을 위한 병원의 노력과 더불어 상호 소통방식 개선을 위한 개인의 노력도 필요하다. 원숭이도 나무에서 떨어지는데 사람이 실수하지 않을 도리가 없다. 생명과 직결된 실수라면 혹독한 질책이 필요할 수 있다. 그러나 그것이 경멸의 질책인지 진심이 담긴 질책인지 듣는 사람은 바로 알아차린다. 경멸의 질책은 다시 실수하지 않도록 효력을 발휘하기보다 자기 화풀이로 끝나고 상대방에게 상처만 남길 뿐이다. 생명이 존중되도록 실수가 최소화되는 근무환경을 만들기 위해서라도 질책하는 자에게 상대 존중의 현명함이 필요하다.

사회적 동물인 우리는 모두 원만한 대인관계를 열망한다. 필자의 진료실을 찾는 환자 대부분이 스트레스를 호소한다. 그 스트레스 중에 상당수는 타인에게 받은 질책이 상처가 된 경우다. 대개 질책하는 사람은 흥분 상태여서 아무 말이나 막 하므로, 그런 말들이 질책 받는 사람에게 얼마나 상처가 되는지 헤아리지 못한다. 설사 헤아린다 해도 정신 차리라는 의미로 일부러 더 하기도 한다. 지렁이도 밟으면 꿈틀한다. 질책 받은 사람은 내장이 꿈틀한다. 결과적으로 마음의 상처는 스트레스성 신체 증상으로 바뀌어 모습을 드러낸다. 상대방을 스트레스로 몰아넣고, 그런 상대방과 원만한 관계를 유지하려 한다면 애초에 어불성설이다.

**지혜의 발견 27**

겨 묻은 개든 똥 묻은 개든 질책은 별 도움이 되지 않는다. 모든 질책은 결국 부메랑이 되어 나에게 되돌아오는 것이니, 질책보다는 존중으로!

주석

* Neuropsychologia

** Neuroimage

## 28  규범 집행의 시스템
### —사공이 많다 해도 배는 물로 나아간다

 개성이 다른 사람들이 집단을 이루어 어떤 일을 하려면 조화와 협력이 필요하다. 하나의 리더십 아래 일사불란하게 움직일 때 제대로 된 성과가 가능하며, 그렇지 못하면 될 일도 그르치고 만다. 특히 사람들이 많을 때 지시, 간섭, 주장이 난무하여 의견 통일이 되지 않으면 일이 제대로 되기 어렵다. 이러한 경우 흔히 '사공이 많으면 배가 산으로 간다'라는 속담을 인용한다. 많은 사공이 각자 자기 생각대로만 배를 몰려고 하여 물로 내려가야 할 배가 산으로 올라가는 상황이다.

 그런데 아무리 사공이 많다 한들 배가 어떻게 산으로 갈 수 있나? 노를 저어서는 애초에 불가능한 일이며, 배에서 내려 배를 통째로 어깨에 짊어지고 올라가야 가능한 일이다. 그렇게 배를 산에 올려놓을 수 있다 해도 사실 무의미하다. 배는 물에서만 다니는 운송 수단이기 때문이다. 배, 물, 산의 관계에서 필자는 인간사회의 사회규범을 떠올린다. 사회규범이란 사회 구성원이 지키지 않으면 안 되는 규칙이다. 배는 물에서 다니는 게 규칙이며, 산으로 간다는 것은 규칙 파괴다. 그러므로 사공이 많아 산으로 간 배는 사회 구성원의 혼란으로 사회규범이 파괴된 상태를 상징할 수 있다.

## 사회를 지탱하는 규범

사회규범을 좀 더 고급스럽게 정의하면, 사회 구성원의 일반적인 가치관의 터전 위에서 사고나 행동의 표준적 척도로 작용하는 공통적 행위 양식이다. 이런 행위 양식은 사회적 집단이나 지역사회 내지 민족의 단위 안에서 오랜 기간에 걸쳐 형성된 예의, 도덕, 관습 등을 통해 구현되어왔으며, 이 과정에서 결정적 역할을 한 것은 종교였다. 우리나라는 역사적으로 자칭, 타칭 동방예의지국이었으며, 여기에서 예의는 전적으로 유교적 관습에 의해 결정된 것이었다.

사회규범은 사회 구성원들을 결속시키면서도 통제하는 기능을 한다. 예를 들어, 길거리에서 노인에게 반말로 소리치는 학생이 있을 때, 행인들은 이유 불문하고 학생의 무례함에 대해 야단친다. 나이가 많은 사람에게 존댓말을 쓰고, 특히 노인을 공경해야 한다는 예의라는 규칙의 통제 아래 우리가 살고 있으므로, 이에 어긋난 행동은 비난을 면할 수 없다. 예의란 공동의 행동과 상호 교류를 위한 무언의 행동 규범이다. 이 규범으로부터의 이탈은 냉대와 소외의 사회적 제약을 받게 되며, 집단에 대한 순응 압력에 직면하게 된다. 때로 그 이탈이 중대한 것이었을 경우, 규범 위반자에 대한 강력한 사회적 처벌을 통해 규범 준수를 강제한다. 실제로 동방예의지국의 시대에 살던 우리 조상님들의 일부는 제사를 생략하는 규범 파괴의 대가로 죽임의 처벌을 당하기까지 했다.

### 뇌에 존재하는 규범 집행의 시스템

사회규범은 인간사회 어디에나 존재한다. 종교와 문화의 차이로 그 내용이 다르기는 하지만, 공통 사항도 많다. 서양의 에티켓 내용 중 상당수는 우리의 예의와 크게 다르지 않다. 이러한 사회적 공통성은 인간이면 누구에게나 규범 집행을 담당하는 시스템이 뇌에 존재한다는 것을 의미한다. 러시아 국립고등경제학연구대학교 연구진이 2018년 국제학술지*에 게재한 메타분석 논문에 따르면,[50] 인간의 뇌에는 이 시스템이 두 가지 형태로 존재한다고 한다. 인지적 통제와 이기적 이탈 억제를 통해 규범 내 행동을 강제하는 인지-합리 체계(바깥쪽 전두피질, 위안쪽 전두피질)와 규범 위반의 처벌과 응징을 담당하는 직관-정서 체계(섬엽, 아래안쪽 전두피질)가 그것이다. 두 시스템은 모두 사회규범의 혜택 평가, 규범 위반의 빠른 감지, 처벌 필요성의 결정 등의 정보처리에 핵심적 역할을 한다.

개인의 인지-합리 체계와 직관-정서 체계가 모여 집단을 이루면 사공이 많아진 배와 같아진다. 이 배에는 질서가 필요하다. 그래서 형성된 것이 사회규범이다. 우리나라의 전통적 규범의 핵심은 유교적 사고방식과 생활양식이다. 인간답게 사는 법에 초점을 둔 유교적 가치관에서는 공동체적 질서를 중시하며, 개인은 한낱 구성요소에 지나지 않는다. 이에 따라 권위주의, 예절과 의례 중시, 겸손의 미덕, 상부상조 등이 강조된다. 그러나 서구화 도시화된 세상에서

현재의 우리는 유교적 가치에 입각한 규범적 통일의 시대
에서 벗어나 절대적 가치가 상실된 가치관 혼란의 시대에
살고 있다.

## 사회규범 혼돈의 시대

서구는 자율문화의 사회다. 사회의 기본단위가 개인이
며, 독자적인 가치선택과 자신의 개인성을 기준으로 행동
한다. 오늘날 우리나라는 다양한 가치관들이 서로 갈등, 대
립하고 있어서 우리 전체를 일관되게 지배하는 사회규범이
존재하지 않는 무규범 상태에 놓여 있다. 과거의 규격화된
유교적 규범이 해체되면서 서구적 개인주의가 이를 대신해
간다. 그러나 우리 누구도 우리 문화가 완벽하게 서구화되
는 것을 원하지 않는다. 비록 현대사회에 맞게 개인주의를
존중하지만, 동시에 우리의 좋은 전통을 계승하길 원한다.
그래서 사고는 서구적 개인주의인데, 행동은 한국적 공동
체에 어울려야 한다. 결국, 전통적 공동체 중시의 규범과 서
구적 자율 규범의 양면성을 모두 인정하면서도 한편으로는
거부해야 하는 양면적 가치판단의 어려운 상황에 놓여 있
는 것이다. 이 혼돈의 시대에 맞는 새롭고 적절한 규범적 기

준이 필요하다.

급격한 근대화를 먼저 경험한 서구에서도 비슷한 사회규범 상실의 문제를 겪은 바 있다. 이 현상을 두고 서구에서는 '아노미(anomie)'라 불렸다. 아노미란 근대화에 따른 급격한 사회변화로, 그때까지 행동을 통제해 온 규범들이 구속력을 갖지 못하는 사회적 상태를 일컫는다. 규범 혼란에 따른 사회적 무질서와 도덕 상실이 곧 아노미이다. 아노미는 근대화된 서구 사회에서 개인의 일탈로 인한 비행과 범죄가 늘어난 현상을 설명하기 위해 사용되었다. 사회규범은 개인과 사회 사이의 평형을 유지시키는 작용을 하는데, 무규범 상태로 불균형이 되면 개인의 욕망이 억제되지 않아 일탈 행동이 늘어난다는 것이다.

오늘날 우리 사회에도 아노미 현상과 비슷한 일탈의 문제가 우리의 가정과 직장에서 발생하고 있다. 필자가 진료실에서 접하는 환자 중에 가족 간 갈등과 직장 구성원 사이의 갈등을 호소하는 경우의 대부분이 이런 문제다. 공동체 의식이 강한 부모와 개인주의가 강한 자식 간의 갈등은 너무나 흔한 예이다. 한때 명절증후군이 우리나라 며느리들의 공통 문제였다면, 이제 그런 용어가 옛말이 되었을 정도로 각자의 삶을 살고 있다. 옛 기준으로 하면 콩가루 집안이라고 비하될 만한 가정이 이제는 모두가 존중받는 상생의 미덕이 가득한 가정으로 인정받기도 한다. 이런 변화에 적응하지 못하면 갈등이 불가피하고, 그런 갈등은 정신건강에 해를 끼쳐 불행감을 심화시킨다.

### 사회성의 유지는 예의를 기본으로 한다

싱가포르에는 우리나라 건설회사가 지어 랜드마크가 된 빌딩이 있다. 두 개의 건물 위에 커다란 배가 올라앉은 모양의 웅장한 빌딩이다. 바다 위에 있어야 할 배가 빌딩 위로 간 것이다. 사공이 많아서가 아니라 건설의 기술력으로 이뤄낸 성과다. 배가 비록 빌딩 위에 있지만, 그런 상식 파괴가 일탈에 대한 처벌이 아닌 기발함에 대한 예찬의 대상이 되었다. 이제 우리 사회에서도 전통적 사회규범의 파괴가 무규범의 아노미에 따른 혼돈이 아닌 새로운 시대에 적합하게 현대화된 사회규범의 출발로 예찬의 대상이 되어야 한다.

뇌과학의 관점에서 우리 각자는 인지-합리와 직관-정서의 두 체계가 균형을 이루어 사회규범을 지켜나간다. 마찬가지로 전통적 공동체 중시와 개인성 존중의 두 축이 더는 혼돈이 아닌 우리의 현대적 사회규범으로 정착될 수 있다. 그 토대는 인류 공통의 기본 기능인 원만한 대인관계의 사회성이다. 사회성의 유지는 상호 예의를 기본으로 한다. 사회규범의 변화에 따라 예절이 바뀐다고 해서 예의까지 없어지는 것은 아니다. 공동체적 규범이건 개인주의적 규범이건 예의는 존재한다. 예의의 표현 방식만 다를 뿐이다. 어느 한쪽이라도 예의를 지키지 않으면 갈등은 파국으로 이어진다. 반대로 상호 간 예의를 지키는 한 어떠한 갈등도 해소로 귀결될 수 있다.

**지혜의 발견 28**

아무리 사공이 많아도 배는 물로 나아간다. 시대에 따라 사회규범이 변한다 해도 새로운 규범은 혼돈이 아닌 조화로 이어질 것이다. 그리고 그 규범의 중심은 예의다.

주석

＊ Human Brain Mapping

# 뇌는 답을 알고 있다

필자는 2010년에 '뇌를 경청하라'는 저서를 출간한 바 있다. '뇌를 경청하라'에서 필자는 인간의 뇌는 진화의 산물이며, 행복해지는 방향의 완벽한 세팅이 갖추어져 있음을 주창했다. 뇌 안에 인간 행동의 숨은 의미가 담겨있어서 뇌를 알수록 인생의 이치에 눈을 뜰 수 있음을 소개하기도 하였다. 예로부터 전해 내려오는 속담과 그런 속담을 사용하는 사람의 뇌 안에 숨겨진 인생의 이치를 소개하는 이 책은 '뇌를 경청하라'의 시즌2에 해당한다. 그러기에 2021년 말에 빛을 본 이 책에 소개된 기능MRI 실험 모두 2010년 이후에 발표된 논문들이다. 11년 사이에 엄청난 양의 기능MRI 실험 연구결과가 발표되었으며, 이들 중 인생의 이치 이해에 도움이 되는 50개의 논문을 선정하여 실험 방법과 결과를 간략하게 소개하였다. 속담을 뒤집어 숨겨진 의미를 찾아 본 이 시즌2의 핵심 키워드는 '지혜'이다.

사람들 지혜의 힘을 빌려서 발전한 과학은 지혜 자체의 원천이 사람의 뇌에 있음을 밝히고 있다. 지혜로운 자는 풍부한 실용적 지식을 갖추고 타인과 조화를 이루는 사회 친화적인 행동을 하며, 쉽게 흔들리지 않는 안정적인 감정 반응을 보인다. 부단한 자기성찰을 통해 자신의 능력과 한계를 정확히 인지하며, 유연한 성정으로 상황에 적절히 대처함은 물론이다. 이러한 지혜로운 자의 성정은 이 책에서 다룬 많은 뇌 영역들의 기능을 함축하고 있다. 뇌과학의 관점에서 지혜로운 자는 인생사에서 다양한 뇌 기능을 적재적소에 알맞게 사용하는 사람이다.

숨겨진 의미 찾기 속담풀이를 종합해보면, 지혜로운 자는 공감을 잘 하는 자이다. 오케스트라의 단원들은 심포니 공연을 준비하기 위해 지휘자 중심으로 연습을 반복한다. 수많은 악기 소리가 뒤섞이지만, 관객의 귀에는 조화로운 소리로 들린다. 부단한 연습으로 완성된 연주자들 사이의 공감 형성이 아름다운 심포니의 기반이 된 것이다. 인간사회도 그러하다. 이제까지 수행된 수많은 기능MRI 실험의 결과들에 비추어 볼 때, 인간의 뇌가 타인과 공감하도록 진화되었음은 분명한 진실이다. 그렇다면 이러한 진리에 순응하여 인생의 방향타를 공감으로 설정하고, 자신의 삶을 이에 맞추어가는 자가 곧 지혜로운 자임이 분명하다.

공감 심포니를 연주하는 삶은 자신의 희생을 억울해하며 불평하는 삶과는 전혀 다르다. 공감을 위한 희생이라면 지혜로운 자에게는 억울함이 아니라 오히려 기쁨의 원천이 된다. 공감은 인생의 성공과 행복을 보장한다. 당장의 만족과 희열을 좇을 것인가, 아니면 궁극적 성공과 행복을 추구할 것인가? 공감 심포니를 연주하는 뇌 영역들이 전하는 궁극의 행복, 이것이야말로 뇌과학이 전하는 인생의 진리라고 필자는 말하고 싶다.

인간의 뇌에는 겉으로 드러나지 않는 진실이 감춰져 있다. 우리의 생각과 감정의 결정, 그리고 온갖 행동의 근원이 뇌의 지배 아래에 있다. 온갖 악행의 숨겨진 의도, 갖가지 선행의 숨은 뜻 역시 뇌에 담겨있다. 그래서 우리의 인생이란 결국 뇌의 기능 표현이라고 해도 과언이 아니다. 인생이 뇌 기능의 부산물이라면 인생을 책임지고 가꾸어가는 우리의 의지는 어디에 있으며 그 역할은 무엇일까? 해답은 뇌 기능의 역동성이다. 뇌에 우리의 마음 요소들이 모두 세팅되어 있다는 것과 이를 제대로 사용하는가는 별개의 문제이다. 그 사용의 몫은 온전히 개인에게 부과되어 있다. 뇌의 세팅이 역동적이어서 개인이 가꾸어가는 대로 변해가기 때문이다.

수많은 기능MRI 연구들에 의해 반복적으로 확인되는 바는 뇌의 어떤 기능이건 훈련을 반복하면 관련 뇌 영역 활성에 변화가 일어난다는 사실이다. 그러므로 각 개인은 훈련을 통해 자신의 진화를 스스로 완성시킬 책임을 부여받고 있기도 하다. 이러한 면에서 보면 뇌의 진화는 아직 미완성이다. 사랑도 증오도, 관용도 편견도, 쾌락도 절제도, 배려도 시기도 모두 다 가꾸기 나름이다. 뇌 안에 감추어진 긍정적 요소를 강화시켜 사회 친화적으로 나아갈지, 부정적 요소를 강화시켜 사회 이반적으로 뒷걸음질 칠지 모두, 각 개인에게 달려있다. 자신의 의지로 자신의 뇌를 변화시킬 수 있다는 점에서 미완성의 진화는 인간에게 축복일 수 있다. 자신의 인생이 진화된 뇌의 꼭두각시는 아니니까 말이다.

# 참고문헌

1   Kremkow J, Jin J, Komban SJ, Wang Y, Lashgari R, Li X, Jansen M, Zaidi Q, Alonso JM. Neuronal nonlinearity explains greater visual spatial resolution for darks than lights. Proc Natl Acad Sci U S A. 2014;111:3170-5.

2   Hong YJ, Park S, Kyeong S, Kim JJ. Neural basis of professional pride in the reaction to uniform wear. Front Hum Neurosci. 2019;13:253.

3   Kyeong S, Kim J, Kim DJ, Kim HE, Kim JJ. Effects of gratitude meditation on neural network functional connectivity and brain-heart coupling. Sci Rep. 2017;7:5058.

4   Kwon JH, Kim HE, Kim J, Kim EJ, Kim JJ. Differences in basic psychological needs-related resting-state functional connectivity between individuals with high and low life satisfaction. Neurosci Lett. 2021;750:135798.

5   Gilbert K, Perino MT, Myers MJ, Sylvester CM. Overcontrol and neural response to errors in pediatric anxiety disorders. J Anxiety Disord. 2020;72:102224.

6   Jacob H, Brück C, Domin M, Lotze M, Wildgruber D. I can't keep your face and voice out of my head: neural correlates of an attentional bias toward nonverbal emotional cues. Cereb Cortex. 2014;24:1460-73.

7   Kim EJ, Kyeong S, Cho SW, Chun JW, Park HJ, Kim J, Kim J, Dolan RJ, Kim JJ. Happier people show greater neural

connectivity during negative self-referential processing. PLoS One. 2016;11:e0149554.

8   Kyeong S, Kim J, Kim J, Kim EJ, Kim HE, Kim JJ. Differences in the modulation of functional connectivity by self-talk tasks between people with low and high life satisfaction. Neuroimage. 2020;217:116929.

9   Tusche A, Böckler A, Kanske P, Trautwein FM, Singer T. Decoding the charitable brain: Empathy, perspective taking, and attention shifts differentially predict altruistic giving. J Neurosci. 2016;36(17):4719-32.

10  Li W, Wang H, Xie X, Li J. Neural mediation of greed personality trait on economic risk-taking. Elife. 2019;8:e45093.

11  Dvash J, Gilam G, Ben-Ze'ev A, Hendler T, Shamay-Tsoory SG. The envious brain: the neural basis of social comparison. Hum Brain Mapp. 2010;31:1741-50.

12  Acevedo BP, Aron A, Fisher HE, Brown LL. Neural correlates of long-term intense romantic love. Soc Cogn Affect Neurosci. 2012;7:145-59.

13  Duarte IC, Afonso S, Jorge H, Cayolla R, Ferreira C, Castelo-Branco M. Tribal love: the neural correlates of passionate engagement in football fans. Soc Cogn Affect Neurosci. 2017;12:718-28.

14  Smith E, Duede S, Hanrahan S, Davis T, House P, Greger B. Seeing is believing: neural representations of visual stimuli in human auditory cortex correlate with illusory auditory perceptions. PLoS One. 2013;8:e73148.

15  van Lieshout LLF, Vandenbroucke ARE, Müller NCJ, Cools R,

de Lange FP. Induction and relief of curiosity elicit parietal and frontal activity. J Neurosci. 2018;38:2579-88.

16  Nili U, Goldberg H, Weizman A, Dudai Y. Fear thou not: activity of frontal and temporal circuits in moments of real-life courage. Neuron. 2010;66(6):949-62.

17  Mujica-Parodi LR, Carlson JM, Cha J, Rubin D. The fine line between 'brave' and 'reckless': amygdala reactivity and regulation predict recognition of risk. Neuroimage. 2014;103:1-9.

18  Shamay-Tsoory SG, Adler N, Aharon-Peretz J, Perry D, Mayseless N. The origins of originality: the neural bases of creative thinking and originality. Neuropsychologia. 2011;49:178-85.

19  Benedek M, Jauk E, Fink A, Koschutnig K, Reishofer G, Ebner F, Neubauer AC. To create or to recall? Neural mechanisms underlying the generation of creative new ideas. Neuroimage. 2014;88:125-33.

20  Wu S, Sun S, Camilleri JA, Eickhoff SB, Yu R. Better the devil you know than the devil you don't: Neural processing of risk and ambiguity. Neuroimage. 2021;236:118109.

21  Chapman SB, Aslan S, Spence JS, Hart JJ Jr, Bartz EK, Didehbani N, Keebler MW, Gardner CM, Strain JF, DeFina LF, Lu H. Neural mechanisms of brain plasticity with complex cognitive training in healthy seniors. Cereb Cortex. 2015;25:396-405.

22  Tversky A, Kahneman D. The framing of decisions and the psychology of choice. Science. 1981;211:453-8.

23  Guitart-Masip M, Talmi D, Dolan R. Conditioned associations

and economic decision biases. Neuroimage. 2010;53:206-14.

24  Liu J, Gu R, Liao C, Lu J, Fang Y, Xu P, Luo YJ, Cui F. The neural mechanism of the social framing effect: Evidence from fMRI and tDCS Studies. J Neurosci. 2020;40:3646-56.

25  Gorin A, Klucharev V, Ossadtchi A, Zubarev I, Moiseeva V, Shestakova A. MEG signatures of long-term effects of agreement and disagreement with the majority. Sci Rep. 2021;11:3297.

26  Edelson MG, Polania R, Ruff CC, Fehr E, Hare TA. Computational and neurobiological foundations of leadership decisions. Science. 2018;361:eaat0036.

27  Muthukrishna M, Henrich J. Innovation in the collective brain. Philos Trans R Soc Lond B Biol Sci. 2016;371:20150192.

28  Oh J, Jang S, Kim H, Kim JJ. Efficacy of mobile app-based interactive cognitive behavioral therapy using a chatbot for panic disorder. Int J Med Inform. 2020;140:104171.

29  Hoehl S, Hellmer K, Johansson M, Gredebäck G. Itsy Bitsy Spider…: Infants react with increased arousal to spiders and snakes. Front Psychol. 2017;8:1710.

30  Salomon T, Cohen A, Barazany D, Ben-Zvi G, Botvinik-Nezer R, Gera R, Oren S, Roll D, Rozic G, Saliy A, Tik N, Tsarfati G, Tavor I, Schonberg T, Assaf Y. Brain volumetric changes in the general population following the COVID-19 outbreak and lockdown. Neuroimage. 2021;239:118311.

31  Yang Z, Mayer AR. An event-related FMRI study of exogenous orienting across vision and audition. Hum Brain Mapp. 2014;35:964-74.

32  Hamilton JP, Farmer M, Fogelman P, Gotlib IH. Depressive rumination, the default-mode network, and the dark matter of clinical neuroscience. Biol Psychiatry. 2015;78:224-30.

33  Bratman GN, Hamilton JP, Hahn KS, Daily GC, Gross JJ. Nature experience reduces rumination and subgenual prefrontal cortex activation. Proc Natl Acad Sci U S A. 2015;112:8567-72.

34  Blair KS, Geraci M, Otero M, Majestic C, Odenheimer S, Jacobs M, Blair RJ, Pine DS. Atypical modulation of medial prefrontal cortex to self-referential comments in generalized social phobia. Psychiatry Res. 2011;193:38-45.

35  Birk SL, Horenstein A, Weeks J, Olino T, Heimberg R, Goldin PR, Gross JJ. Neural responses to social evaluation: The role of fear of positive and negative evaluation. J Anxiety Disord. 2019;67:102114.

36  Zheltyakova M, Kireev M, Korotkov A, Medvedev S. Neural mechanisms of deception in a social context: an fMRI replication study. Sci Rep. 2020;10:10713.

37  Mier D, Bailer J, Ofer J, Kerstner T, Zamoscik V, Rist F, Witthöft M, Diener C. Neural correlates of an attentional bias to health-threatening stimuli in individuals with pathological health anxiety. J Psychiatry Neurosci 2017;42:200-9.

38  Caughie C, Bean P, Tiede P, Cobb J, McFarland C, Hall S. Dementia worry and neuropsychological performance in healthy older adults. Arch Clin Neuropsychol 2021;36:29-36.

39  Best JR, Rosano C, Aizenstein HJ, Tian Q, Boudreau RM, Ayonayon HN, Satterfield S, Simonsick EM, Studenski S, Yaffe K, Liu-Ambrose T; Health, Aging and Body Composition Study.

Long-term changes in time spent walking and subsequent cognitive and structural brain changes in older adults. Neurobiol Aging. 2017;57:153-61.

40  Delplanque J, Heleven E, Van Overwalle F. Neural representations of groups and stereotypes using fMRI repetition suppression. Sci Rep. 2019;9:3190.

41  Rollwage M, Loosen A, Hauser TU, Moran R, Dolan RJ, Fleming SM. Confidence drives a neural confirmation bias. Nat Commun. 2020;11:2634.

42  Bastin C, Harrison BJ, Davey CG, Moll J, Whittle S. Feelings of shame, embarrassment and guilt and their neural correlates: A systematic review. Neurosci Biobehav Rev. 2016;71:455-471.

43  Van Bavel JJ, Packer DJ, Cunningham WA. Modulation of the fusiform face area following minimal exposure to motivationally relevant faces: evidence of in-group enhancement (not out-group disregard). J Cogn Neurosci. 2011;23:3343-54.

44  Liu Y, Lin W, Xu P, Zhang D, Luo Y. Neural basis of disgust perception in racial prejudice. Hum Brain Mapp. 2015;36:5275-86.

45  Morese R, Lamm C, Bosco FM, Valentini MC, Silani G. Social support modulates the neural correlates underlying social exclusion. Soc Cogn Affect Neurosci. 2019;14:633-43.

46  Shin WG, Woo CW, Jung WH, Kim H, Lee TY, Decety J, Kwon JS. The Neurobehavioral Mechanisms Underlying Attitudes Toward People With Mental or Physical Illness. Front Behav Neurosci. 2020;14:571225.

47  Krendl AC, Kensinger EA, Ambady N. How does the brain regulate negative bias to stigma? Soc Cogn Affect Neurosci. 2012;7(6):715-26.

48  Chen C, Martínez RM, Chen Y, Cheng Y. Pointing fingers at others: The neural correlates of actor-observer asymmetry in blame attribution. Neuropsychologia. 2020;136:107281.

49  Miedl SF, Blechert J, Klackl J, Wiggert N, Reichenberger J, Derntl B, Wilhelm FH. Criticism hurts everybody, praise only some: Common and specific neural responses to approving and disapproving social-evaluative videos. Neuroimage. 2016;132:138-47.

50  Zinchenko O, Arsalidou M. Brain responses to social norms: Meta-analyses of fMRI studies. Hum Brain Mapp. 2018;39:955-70.

KI신서 10040

## 역발상의 지혜

**1판 1쇄 발행** 2021년 12월 29일
**1판 2쇄 발행** 2023년  9월 27일

**지은이** 김재진
**펴낸이** 김영곤
**펴낸곳** (주)북이십일 21세기북스

**TF팀 이사** 신승철
**TF팀** 이종배
**출판마케팅영업본부장** 한충희
**마케팅1팀** 남정한 한경화 김신우 강효원
**출판영업팀** 최명열 김다운 김도연
**제작팀** 이영민 권경민
**진행·디자인** 다함미디어 | 함성주 유예지

**출판등록** 2000년 5월 6일 제406-2003-061호
**주소** (10881) 경기도 파주시 회동길 201(문발동)
**대표전화** 031-955-2100  **팩스** 031-955-2151  **이메일** book21@book21.co.kr

© 김재진, 2021
ISBN 978-89-509-9872-1(03400)

**(주)북이십일** 경계를 허무는 콘텐츠 리더

21세기북스 채널에서 도서 정보와 다양한 영상자료, 이벤트를 만나세요!
페이스북 facebook.com/jiinpill21  포스트 post.naver.com/21c_editors
인스타그램 instagram.com/jiinpill21  홈페이지 www.book21.com
유튜브 youtube.com/book21pub